轻松造园记系列

图 解

福田俊的
家庭小菜园

[日] 福田俊 著 [日] 川野郁代 绘图

新锐园艺工作室 组译

杨宇晖 祖 恒 张文昌 张净娟 译

中国农业出版社
北 京

图书在版编目（CIP）数据

图解福田俊的家庭小菜园/（日）福田俊著；（日）川野郁代绘；新锐园艺工作室组译. —北京：中国农业出版社，2021.7
（轻松造园记系列）
ISBN 978-7-109-27961-2

Ⅰ.①图… Ⅱ.①福…②川…③新… Ⅲ.①蔬菜园艺-图解 Ⅳ.①S63-64

中国版本图书馆CIP数据核字（2021）第032068号

合同登记号：01-2019-5627

图解福田俊的家庭小菜园
轻松造园记系列
TUJIE FUTIANJUN DE JIATING XIAOCAIYUAN

中国农业出版社出版
地址：北京市朝阳区麦子店街18号楼
邮编：100125
责任编辑：郭晨茜　国　圆
版式设计：郭晨茜　　责任校对：刘丽香　　责任印制：王　宏
印刷：北京中科印刷有限公司
版次：2021年7月第1版
印次：2021年7月北京第1次印刷
发行：新华书店北京发行所
开本：889mm×1194mm　1/16
印张：13
字数：400千字
定价：100.00元

ZUKAI MANGA FUKUDA-RYU KATEISAIENJUTSU
by Fukuda Toshi, illustrated by Kawano Ikuyo
Copyright @ 2015 Fukuda Toshi, Kawano Ikuyo
All rights reserved.
Original Japanese edition published by Seibundo Shinkosha Publishing Co., Ltd.
This Simplified Chinese language edition published by arrangement with
Seibundo Shinkosha Publishing Co., Ltd., Tokyo in care of Tuttle-Mori Agency, Inc.,
Tokyo through Beijing Kareka Consultation Center, Beijing

本书简体中文版由株式会社诚文堂新光社授权中国农业出版社有限公司独家出版发行。通过北京可丽可咨询中心代理办理相关事宜。本书内容的任何部分，事先未经出版者书面许可，不得以任何方式或手段复制或刊载。

前 言

用自然农法栽培有机蔬菜

　　我并非出自农业世家，但原先上班时，便一直在狭小的租赁农场从事蔬菜栽培，至今已有30余年。刚开始我发现了一箩筐问题，许多事情都做得不是很顺利，然后我从失败中汲取经验，并克服困难，现在已成为一名蔬菜栽培专家。一直以来我都希望能够在有限的土地上，以不使用化学农药的有机栽培方式，种出各种各样的美味蔬菜。

　　在自然环境中，虽然没有人为耕作，也没有施肥，但是年年都能看到植物繁盛的景象。这是为什么呢？因为有许多肉眼看不到的微生物及各种各样的动植物发挥了作用。落叶经微生物分解，变成养分被植物吸收再利用。此外，植物的根系往土里延伸时，也有翻松土壤的作用。现在越来越多的人把这个理念运用在田间耕作上，并将之称为"自然农法"。

虽然，自然农法要在每年更新换约的租赁农场实施有些困难，但有些自然农法的技巧还是可以斟酌利用的。例如，在春天整一次地后，便不再整地，可进行连续栽培。此外，在同一块地里应避免种植单一作物，而是应多种作物混合种植。在田间也可将蔬菜采收后不需要的部分，连同杂草保留下来做堆肥，这就像自然界中的落叶、落果都会回归土壤进行分解、循环利用一般。

　　若土壤中有丰富的微生物存在，且养分能够良好循环利用，土壤就易保持肥沃，也就能够持续生产美味的蔬菜。通过有机栽培生产的蔬菜，不仅色泽天然、风味佳，而且还不易腐败。讲到这里，你是不是也想尝试用自然农法栽培有机蔬菜呢？

福田俊

目 录
CONTENTS

前 言

第 **3** 章　技术应用

家庭小菜园

第 1 章

■基础知识

为有机栽培做准备吧！
自制肥料、天然农药的制作、育苗、
部分深耕、免耕连续栽培、种子保存
方法等。

29

开始种菜的契机与历程

勇敢尝试，边做边学

我从 20 世纪 80 年代就开始经营家庭菜园了。那个时候我是一家种苗公司的宣传员，主要负责产品型录制作等工作。因为工作关系，所以要常常到各地的农家访问取材。

拍摄蔬果时，最重要的就是要趁新鲜时完成拍摄，所以拍摄的时间点很关键。拍着拍着便不禁想，如果是自己种菜，那就可以在最好的时期拍到照片呢！正好在那个时候练马区公报刊登了一篇农场的租赁启事，于是我就趁机申请，这便是我开始种菜的契机。我自己采收的蔬菜便用来拍摄刊登在产品型录上的照片，当时拍摄使用的还是 6×7 型胶片相机。

20 世纪 80 年代，我还是种苗公司的宣传员，负责产品型录制作等工作。

在家自己摄影↓

爸爸你好厉害喔！

慢慢地，我种的蔬菜开始得奖。

三十几岁

区长奖 特等奖

不愧是专家！真厉害

现在常常在蔬菜杂志上找寻灵感。

六十几岁

种这个试试吧！

蔬菜通讯

虽然我一开始就以米糠和油粕等有机肥料来施肥，但那时候还是使用了一些化肥农药。开始进行无化学农药栽培的转折点是我在 1992 年读了比嘉照夫写的《拯救地球大变革》，此后便开始转换跑道采用微生物农法（又叫 EM 农法）。我了解到使用化学农药会让微生物死亡。也是从这时期开始学习厨余堆肥与发酵肥的制作。1993 年《现代农业》杂志刊登了天惠绿汁的制作方法，第二年春天我就在菜园尝试制作，那时就认为可以完全转换成微生物农法了。事实也和预想的一样，天惠绿汁成了每年家庭菜园不可或缺的农资。

我手边有很多自然农法相关的书籍，如福冈正信的《一根稻草的革命》、木村秋则的《苹果教我的事》、川口由一的《自然农法种菜入门》、赵汉珪的《自然农业》、木岛利男的《连作心得》、野口勋的《给未来生命的种子》、野口勋与关野幸生合著的《蔬菜固定种的培育》等。另外我也订购了隔月发行的《蔬菜通讯》（学研出版），这本杂志每期都会刊载很多激发灵感的点子。

如果想在狭小的家庭菜园里收获很多美味的蔬菜，只局限普通做法通常不太容易实现。我始终抱着"失败才是常见的"轻松心态，尝试了许多方式。的确，我失败了无数次，但失败是成功之母。这似乎也彰显了我的"福田精神"——不怕失败，想到就去做做看。

目前练马区的租赁农场，只剩下东京青叶家庭农场。此外，我在琦玉县日高市有一个蓝莓园，差不多有十年的时间了，其中有一块角落是蔬菜区，是我小小的栽培试验场。我尝试将牛蒡与芋头的波浪板栽种位置固定化，一年内让胡萝卜与青椒在同一位置连作。此外，我还与东京农业大学绿色学院合作，一起研究福田家庭菜园术。

天惠绿汁的制作

萃取天然微生物和艾草精华

天惠绿汁是由韩国赵汉珪提出的，它是一种富含天然微生物的黑褐色植物酵素，用于培育健康动植物。此外，它还含有黑砂糖矿物质、艾草精华，且具有迷人的香气。

4～5月时采集路边艾草的生长点，尽量在天亮前采集完毕。因为太阳一升起，叶子就开始进行光合作用，精气就会减弱。

将采集的艾草叶，用刀或剪刀弄碎，再将其与黑砂糖混合，像腌渍泡菜般腌渍，黑砂糖的用量约为艾草重量的1/3。不可使用白砂糖，必须使用富含矿物质的黑砂糖。如果是黑糖块，必须敲碎才能使用，因此建议使用黑砂糖。

容器可以选择杉木桶，塑料容器也可以。如同腌渍泡菜般，要在上方压重物，重物可以挤压出空气，当多余液体溢出来后才能移除重物。为了避免苍蝇等害虫在里面产卵，要用无纺布包裹整个容器。

艾草

叶子表面有很多微生物！

经过1周后，将容器横放，并一滴一滴萃取黑褐色的液体——天惠绿汁。剩余的残渣，则可作为堆肥，倒入耕地。

将萃取出的液体倒入宝特瓶内，置于常温阴凉处，可长期保存。因为微生物在里面持续发酵，所以盖子不要拧太紧，否则可能导致瓶子胀裂。若想保存更长时间，可以将黑砂糖的分量增加一倍，最长可保存一年。

将天惠绿汁原液稀释500倍，用浇水器或喷雾器喷洒于作物上，便可以使其朝气蓬勃，不易生病。春天到夏天，作物生长茂盛，每隔3～4天喷一次即可有显著效果。

此外，还可以利用天惠绿汁制作发酵肥。

好香喔！

天亮前，采集艾草的生长点，与黑砂糖（艾草重量的1/3）混合，腌渍1周后即可完成。

发酵肥的制作

富含微生物的有机肥

蔬菜可以直接吸收化肥中的营养元素。相较之下，有机肥来源于动物和植物，其营养成分需经土壤中的微生物分解后，才能被蔬菜吸收。

使用有机肥种植的蔬菜，虽然生长缓慢、叶子颜色呈现出柔和的绿色，但吃起来不会有涩味，而且更重要的是能长期保存、不易腐坏。

化肥就像是蔬菜的"营养剂"，但却不是微生物的"营养剂"。如果搭配使用农药，会破坏土壤中的生态平衡，土壤就会渐渐贫瘠，有害菌增加，并且容易产生连作障碍。

田间的土壤里也拥有各种生物，必须保持生态平衡，土壤才能健康。因此，使用有机肥是最佳选择。有机肥会成为微生物的"营养剂"，土壤会变得肥沃，不易产生连作障碍。

有机肥包括米糠、油粕、骨粉、鱼粉、草木灰和有机石灰等。虽然也可以直接将其放入田里，但如果用微生物使其发酵，制成发酵肥，就可以使肥效更加温和、持久。

这里仅介绍厌氧发酵肥的制作方法。通常调配的比例要求不甚严格，举例来讲，可以将米糠10千克、掺有骨粉的油粕6千克、鱼粉6千克及黑砂糖750克，放入塑料盆中混合。此外，还可以加入稻壳灰和有机石灰。充分混合后，加入用水稀释的天惠绿汁约100毫升，再分次加水慢慢将其充分混合，使其达到用手抓握时感觉硬硬的，但用手指敲会碎掉的状态，水的使用量全部加起来约4升。将其放入有盖的容器中，装满并盖上盖子。如果没有装满，就用保鲜膜覆盖使其与空气隔绝。

春夏发酵需1～2周，秋冬则需1～2个月。发酵后，一旦与空气接触，表面就会长出白色霉菌，这就表示发酵成功了。如果是用作基肥，每平方米使用300～500克即可。

长期新鲜保存！

有机肥

长出白色霉菌了！

发酵中

米糠 油粕 鱼粉 黑砂糖

混合米糠、油粕、鱼粉及骨粉等有机肥，利用天惠绿汁的天然微生物使其发酵。

如何干燥保存发酵肥

自然干燥让肥料变得蓬松

在春、夏季，发酵肥发酵1～2周即可完成。若继续放置会持续发酵而变臭，之后发酵肥会变硬。若在这之前使其干燥，微生物就会休眠，停止发酵，不仅不会变臭，而且还可以长期保存。

以前，发酵肥表面长出白色霉菌后，我就会在树荫底下铺上一块布，将发酵肥薄薄地铺在上面，用耙子疏松后使其干燥。虽然这么做可以快速干燥，但是会吸引苍蝇前来产卵。如果就这样直接倒入容器中，下次打开容器，就会看到成团的蛆在上面蠕动，非常吓人。

其实阴干后不能将其储存起来，而是应作为追肥撒在耕地走道上，当蛆晒到太阳就会死掉，还可能被蜥蜴及鸟等天敌吃掉。这样，就不会出现上述场景了。

因为有之前的经验，所以我现在会将发酵肥装入洗脸盆等底部平坦的容器中，并铺上防虫网，盖上木框。

在干燥后，发酵肥会变硬，可使用孔径2～5毫米网眼的筛子过筛，使结块打开。这样一来，肥料就变成松松的了，而且能保存1～2年。使用时，发酵肥吸收水分后，微生物就会活化并开始发挥作用。

数十年来，我都利用发酵肥来发酵厨余垃圾，并且都在干爽的状态保存。我每天都将水果皮等厨余垃圾，暂存在厨房的小桶子里，积累到一定数量后，再移到户外附有阀门的专用发酵容器中。此时，只要撒上干燥的发酵肥，微生物就会活化，使厨余垃圾发酵，之后即可从阀门处流出厨余液态肥。

厨余液态肥用漏斗辅助比较容易装瓶。厨余液态肥和天惠绿汁一样，都有微生物存在。因此，保存时，瓶盖必须稍微拧松一点，利于瓶内气体排出。使用时，将其稀释约100倍，用浇水壶撒在蔬菜上，就可以达到液态肥的效果，蔬菜就能健康生长。

厨余液态肥的残渣，可以作为堆肥倒入耕地，春、夏建议倒入走道上，盖上土，再在上面覆上尾菜等，很快土壤就会变肥沃。

蛆

循环！

白色霉菌

东京农业大学
绿色学院

这是2周前的发酵肥吗?

白色霉菌就是发酵成功的最好证明。

在这个阶段,让发酵肥干燥一下。

1~2周

咦~那菌怎么办?

不要紧,只是休眠而已。

如此一来,就能保存1~2年喔。

干燥发酵肥

将发酵肥放入塑料盆中自然干燥。

请务必盖上防虫网!

干燥过程中如果变硬就用筛子筛一筛使之松开。

1~2周后

完成了!

发酵肥

我用干燥发酵肥,来发酵家里的厨余垃圾。

撒上发酵肥。

厨余垃圾

这种液体可以当作营养丰富的液态肥来使用。

剩余的残渣也可以用来做堆肥。

可以利用厨余垃圾呢!

将发酵肥放回土里,它吸水后就会再次活化。

通过水分就会复活啦!

放置2周后流出液体。

发酵肥可以立即使用,但如果不马上使用而任其放着,就会过度发酵。因此,保存时要先使其干燥。

9

厨余液态肥的制作

厨余垃圾不要丢，让其回归田间

厨余垃圾不要轻易丢掉。市面上售有带阀门的厨余垃圾处理器，容量大约为15升，底部有网状过滤器，打开阀门后，即可取出发酵液体。

在容器中倒入厨余垃圾，撒上发酵肥，厨余垃圾就开始发酵。如果苍蝇等在上面产卵，就会出现大量的蛆，所以关紧盖子非常重要。由于这种发酵属于厌氧发酵，因此不需要空气。厨余垃圾量较少时，可以先盖上盖子，之后，每天加入厨余垃圾直到装满为止。

每次加入新厨余垃圾，就要撒一次发酵肥。发酵肥必须保证是干燥的。每次约加入2把发酵肥。只有1个容器的话，很快就会装满，所以最好准备2～3个较为方便。

待发酵液体收集到一定程度后，即可打开阀门，利用漏斗装进瓶中。此时液体会呈现透明的淡褐色，且有臭味，但不是腐败的气味，而是腌渍物的味道。其中含有从发酵肥溶出的肥料成分和有益微生物，用水稀释后，就可以当成液态肥使用，称之为"厨余液态肥"。

用水稀释适当倍数即可使用，一般稀释50～100倍。稀释后，将100毫升左右的稀释液态肥，装入浇水壶，稍微浓一点也没关系。春天到初夏的生长期，每次到田里浇少量稀释的厨余液态肥至作物上，很快就能看到作物变得更加健壮了。

厨余液态肥和天惠绿汁一样，有微生物存在。因此，保存时，瓶盖要稍微拧松一点，便于气体排出。厨余液态肥一开始是淡褐色的液体，几个月后会慢慢变成黑色，看起来就像天惠绿汁。

制作厨余液态肥的残渣，可作为堆肥倒入田里。例如香蕉皮或橘子皮等，会停留在原本的形态，看起来就像还没腐熟的样子，残渣可以直接倒入田里，残渣与田里的土壤混合后，如果是在夏季，约1个月就会变成土壤，这种变化着实令人惊奇。厨余垃圾中，如果含有蛤蜊等贝类或蛋壳，也会呈现原本的形态，就像古代的贝冢一样。

春天做垄时，在垄的中央挖个洞，倒入厨余垃圾做堆肥。夏天作物生长期，则倒在走道上，再用土覆盖，或将蔬菜渣铺于其上，便能使其快速分解，变成土壤。

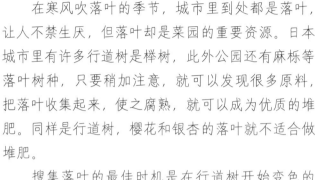

落叶堆肥的制作

城市落叶，却是农田的宝物

在寒风吹落叶的季节，城市里到处都是落叶，让人不禁生厌，但落叶却是菜园的重要资源。日本城市里有许多行道树是榉树，此外公园还有麻栎等落叶树种，只要稍加注意，就可以发现很多原料，把落叶收集起来，使之腐熟，就可以成为优质的堆肥。同样是行道树，樱花和银杏的落叶就不适合做堆肥。

搜集落叶的最佳时机是在行道树开始变色的11月下旬到12月，夜晚起风后的隔日早晨，落叶会因风聚集，所以比较容易收集。收集时，选择干枯的落叶，用松叶扫帚将落叶搜集至容量为100千克的大袋子里。如果直接蓬松地装入袋子，装不了太多，用脚踩一踩，压缩后就可以装下很多落叶，再骑脚踏车分次运输。而且，捡落叶还会时常被他人感谢。

搜集来的落叶，可以堆积在木箱里。一般来说，加入米糠、发酵剂及水，用脚踩一踩，盖上塑料膜预防雨水渗入，等温度上升至60℃时，将落叶碾碎、混合，再次堆叠翻搅，重复几次这个操作即可。而我则是混合了发酵肥、厨余液态肥和水，然后再踩一踩，这样一来就会像制作厨余液态肥一样低温发酵，升温就不会太快，整年放着都没问题。

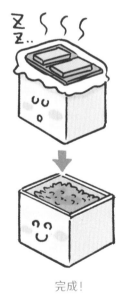

完成！

元旦到春天的这段时间，为了充分发酵，必须翻搅1次，快的话，5月左右堆肥就能发酵完成，然后倒入田里即可。

接下来，将介绍木箱的制作方法。一般的木板可以使用约2年。如果是防水木板，使用期限更长。涂上油漆等涂料，也能提升使用期限。到市场买2块木板，请工作人员切好所需尺寸，会使制作过程更轻松。

将4块约90厘米×90厘米大小的正方形板子，组合成"口"字形框。板子间没有缝隙的话，效果更好。准备4根支柱，用钉子将其钉在接合处。将这个"口"字形框放在地上，就将地面当作木箱的天然底部。如此一来，就可以制作落叶堆肥了。

利用城市里的落叶，就可以制作肥料喔！

路上的落叶真讨厌。

压一压

咦？要带回家吗？

不是喔！这些都是宝物。

垃圾袋

啦啦啦

落叶堆肥的制作方法

❶制作堆肥的木框

支柱

拧紧螺丝

木板

底部无底（直接接触地面）

螺丝

❷放入落叶

❸踏一踏

❹加入发酵肥、厨余液态肥和水

发酵肥

厨余液态肥＋水

水

厨余液态肥

❺重复步骤❷～❹

用这个方法，只要翻搅一次就OK。

慢慢发酵

塑料膜

砖块

木板

抬起木框

移动

翻搅

快的话5月堆肥就能发酵完成。

这是落叶吗？

落叶被压烂了。

秋天起风后的隔天早晨，路上会有很多榉树和麻栎等树的落叶，把它们当垃圾，实在太浪费了。

部分深耕

只要破坏部分犁底层即可

租赁农场的田块会有较硬的犁底层，将之破坏，作物的生长即可发生明显的改善。种植麦类等禾本科农作物时，根会深入土中，有耕地效果，能够改善土壤结构。

不过，租期为1年的租赁农场，没有等待的余地，因此，常会利用深耕的方式来完成这个工作。全面深耕后，从地下升上来的水分便会被阻断，表层土翻入内层也会较干爽。之后田块不用全面深耕，只要部分深耕即可。

深耕的目的在于将潜藏于表层土的带有病害虫、杂草的种子埋入地下，并将深层土翻至表面，以减少病虫草危害。听农林水产省盛冈分厂新井先生的演讲时，才了解到深耕并不需要全面进行，只要挖一个深约1米的沟就能获得不错的效果，自此之后我就开始采用部分深耕。

部分深耕的方法如下：将田块约15厘米厚的表层土，用耙子将其集中至一旁，形成高约1.2米的土堆，在这座由表层土堆积成的土堆旁挖1个深约1米的沟，将挖出来的土堆在沟的另一侧。由于租赁农场的土壤是关东壤土，犁底层下是红土。这样一来，沟一侧的表层土为黑土，另一侧为红土。将挖出的表层土（黑土）推进沟内，再将深层土（红土）平铺至整片田，这样深耕的工作就完成了。

用这个方法完成深耕后，作物更易吸收地下水，其根系可以一直往下延伸，由于排水良好，即便遇到大雨也不易积水。大雨过后土壤反而会下沉，继续填土的话就会停止下沉，变得稳定。

部分深耕的工作不必每年都做。我将农场田块以东西向横切挖掘发现，土层断面会呈现黑色（原填埋层），此处的土壤比周围的红土松软，温度也比其高出1.2～3.2℃，这是因为有微生物在活动。

深耕

交换完成了！

容光焕发

田块不需全面深耕，挖一个与铁锹宽度一致，深为1米的坑效果就很好。做过一次，第二年就不需要再做了。

春季育苗准备工作

需要电暖器和换气扇等

春天播种时机到了的标志之一，就是周围的"染井吉野樱"开花了。如果在此时播种，不会有什么特别的问题，但收获的时间会较晚。

如果想要有效运用租赁农场的农闲时间，就必须提前育苗。市售的果菜类种苗，东京周边大约集中在5月上市，再早一点的话，可能会受到晚霜的影响。

如果自己育苗，到底什么时候播种才好呢？以我居住的日本关东地区为例，卷心菜、西兰花、大白菜、上海青及莴苣等叶菜类2月中旬播种，3月15日定植；茄子、青椒和番茄，2月下旬播种，4月中下旬定植；黄瓜、南瓜、苦瓜、西瓜和甜瓜等瓜类，3月上旬播种，4月下旬定植。

3月中旬 卷心菜苗

4月下旬 苗

春天育苗首先遇到的便是温度问题，2～3月还很冷，离发芽适温20～30℃还差很远，人们很早就使用堆肥发热温床来育苗。该方法就是利用制作落叶堆肥时产生的热量来育苗，但如果没有麦秆围住苗床周边，或是堆肥量不足，就很难维持稳定的温度，因此并不适合家庭菜园。

家庭菜园使用电暖器比较简单，设定好温度，就算市售的育苗组合箱放于屋内窗边，也可以进行育苗。

育苗组合箱

我常年使用小型的育苗屋，设置了育苗床并配有电暖器，还连接了恒温器。恒温器是一种温度感应开关，将其插入装土的盆里，如果地温降至一定温度，就会自动打开开关，温度上升的话就会自动关闭。一般温度控制在25℃。

春天，白天室内的温度，对于种苗来说太热了，必须进行温度调节，因此要安装换气扇，使白天温度下降。当气温超过30℃时打开换气扇，将发芽的幼苗慢慢移到气温较低的地方，就能避免植株徒长，培育出健康的种苗。

发芽需要进行温度管理。有人将纸巾包裹种子并装入塑料袋，再将其放在衣服口袋中，借体温使其发芽。

春季育苗锦囊

寒冷时期，保温很重要

蔬菜的种子需要在适宜的温度下才会发芽。在日本，当地的"染井吉野樱"开花时，即为当地的播种时间。育苗时，可配合栽培环境提前播种，这样收获时间也会提前。园艺店4～5月出售的种苗，种苗商在2～3个月前就播种了。

自己种植蔬菜的好处，就是可以选择自己喜欢的品种，从种子开始栽培。种子除了可自家留种、实体店采购外，也可以在网络上购买。

准备好种子后，下一步就是准备育苗设备，由于春季播种的时候还很冷，因此必须确保温度适合种子发芽。

方法有很多，其中比较实用的就是使用电暖器，也可以买到育苗组合箱。使用电暖器的话，可以设定苗床的温度。我将苗床的温度一律设为25℃。只有电暖器的话，并不能调节温度，必须配备恒温器（温度调节器）才可调节温度，将其插入苗床土中，达到设定的温度时，电暖器就会切断电源，温度不会再升高。另外，还要在苗床土上插入温度计，确认是否达到设定的地温。

由于要保温，所以要将塑料膜覆盖在苗床上，使热气无法散出，再置于家里的窗边或温室中。白天光照较强，气温上升时，必须打开塑料膜，让其换气，如果不透气，种苗就会变得软趴趴的，没有生气。

播种的土壤该怎么处理呢？使用市售的育苗培养土即可。可以购买压缩泥炭育苗块，吸水膨胀后，将种子撒在上面即可，这是一种相当便利的

软趴趴
软趴趴

东京农业大学绿色学院

春天才刚开始，就有这么健壮的苗！

尽可能保温处理。

置于窗边

棚架温室

朝南的窗户

种苗总是会向南生长。

产品。有的商品还附有塑料托盘，我以前经常使用。

如果想自己制作很多苗床，可以混合分量各半的赤玉土和筛选后的细腐叶土。发芽前不用施肥。

我在日本仙台工作时，也在公寓的庭院种花种菜。那个时候，是在靠南的窗边育苗，光线从南边照进来，所以苗也会向南弯曲。因此，就必须使用市场可以买到的90厘米 ×180厘米银色泡沫板，立在种苗的北边，使光线反射，让种苗能均匀地接受光照。除了可以将盆栽苗放置于塑料垫上防漏水外，还可以从超市购买保丽龙的苹果箱，将种苗放进去，浇水时就不会弄湿房间。

春季育苗时期

播种时期通过定植时期回推确定

我居住在日本关东，叶菜类是从3月中旬开始定植。从这个时间往回推算，2月上旬就得播种莴苣、卷心菜、西兰花、花椰菜、大白菜、芹菜、大葱以及上海青等。瓜类蔬菜不耐寒，如果播种太早，就会因为寒冷而枯萎。我曾经在2月播种，4月上旬定植南瓜和苦瓜，结果遭遇晚霜侵袭。

关东地区4月下旬至5月为瓜类蔬菜的定植期，由此来计算播种时期，即为2月中下旬。同时也可播种育苗时间较长的茄果类蔬菜，例如青椒、茄子及番茄等。

甜瓜、西瓜、苦瓜、黄瓜以及南瓜等瓜类蔬菜，从播种到种植的时间较茄果类蔬菜短，所以茄科蔬菜最快也要等到2月下旬才能播种。如果需要有效轮流利用有限的育苗床空间，则于3月上中旬播种较好。将瓜类蔬菜的种苗，从苗床移栽到育苗盆时，大约也是叶菜种苗定植到田里的时期。

3月以后，可以直播的蔬菜种类变多了。但育苗后定植的蔬菜，不但初期生长较快，而且到收获所需的时间也会缩短。例如，早熟大豆，虽然可以在3月中旬直播，但温度较低发芽仍需一段时间。如果育苗后定植，成长就会加快，豆荚也会更加饱满。

虽然玉米在3月中旬也可以直播，但是却不会发芽，如果育苗后定植还可省略间苗的工作，而且生长速度也会加快。

适合菜豆直接播种的时间为4月中上旬，花生在4月下旬，若育苗后，

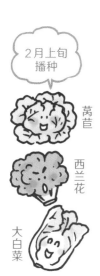

2月上旬播种

莴苣

西兰花

大白菜

3月中旬

温室有好多种苗啊！

今天播种了南瓜和甜瓜。

西兰花　卷心菜

青椒　茄子　番茄　大白菜

耐寒的叶菜类，在2月上旬播种。

冷一点点也没关系！

西兰花　卷心菜　莴苣

呼~

3月中旬定植

我的育苗空间很有限。

无电暖器的育苗架

莴苣等

瓜类蔬菜

差不多可以定植了

有电暖器的育苗架（发芽床）

5月中旬就可以定植了。除了白萝卜、牛蒡及胡萝卜等根茎类蔬菜以外，大多数蔬菜都可以育苗，所以如果想缩短生育期，建议育苗。

近年来，一些常采用直播方式栽培的蔬菜——油菜和菠菜，也有人开始采用育苗栽培，效果也很好。另外，育苗完成后，混植连续栽培也变得容易许多，不会浪费耕地空间并且可以持续栽培。

3月时播种在育苗床的安纳芋，芽竟然接二连三地冒出来。4月下旬到5月，将芽插入田里就可以收获到好吃的甘薯。

推荐育苗

玉米

大豆

花生

租块地好种菜

春天的准备工作是小菜园成功的关键

我在东京都练马区JA租赁农场租了一块地，南北方向长3.4米，东西方向宽4.5米，面积约16平方米。若能有效利用这个小空间，可收获满满。由于已经实施过2次部分深耕，所以今年不用再做此项工作。租赁农场的契约是1年，2月需要暂时还地，要等契约更新后，才能重新开始使用。

先将发酵肥8千克及草木灰1千克，散在全部田块里。为了改良土壤，再撒入约200千克的稻壳灰，用耙子将其与约15厘米深的土壤混合。

将农田进行区域划分，可划分为4个区域，像一个"田"字。我在田块北侧和东侧留约有30厘米的走道，因考虑到田块利用率，所以分配给南侧和西侧的走道非常狭窄。

做出3条南北向的垄，留2条走道即可有效利用耕地。做垄前，在垄的中央挖出一条沟，埋入生厨余垃圾做堆肥。将走道上堆积的土壤，做成高约20厘米、宽约120厘米的垄。注意要将垄表面整平。在垄上铺上一张宽180厘米的银黑地膜，将4个边埋入土里，防止被风吹起。如此一来，就完成了一年间都可混植连续栽培的地块。

接下来，就可以定植育好的苗：大白菜、卷心菜、西兰花、上海青及莴苣。再播种玉米、大豆、菠菜、油菜、芥菜、芜菁和胡萝卜等。因为是小菜园，所以不用太在意前年种了什么，连作是很常见的现象。

120厘米宽的垄，是由2个垄合并而成的，所以要盖上2条防虫网。每个垄上一次种植多种作物。

玉米和大豆不会立刻长大，所以可以在此期间混植油菜、菠菜或莴

连续混栽么？

农场伙伴

花椰菜　大豆　小白菜　西兰花　卷心菜

有些蔬菜长得较慢，若不利用其周边的空间，就太浪费了

快速　不急　油菜　菠菜

我先长大哕！

各种生长速度不同。

走道　↑北　银黑地膜　走道

有效利用

苣。卷心菜、西兰花、大白菜和花椰菜也一样,苗长大需要较长的时间。在这些菜的周边,也可以撒些菠菜、芥菜或油菜等可以较早收获的种子。芜菁和胡萝卜必须间苗,播种在垄边,便于田间操作。

在农场开放的第一天,就可以一次种植数种作物,铺上防虫网,在5月种植茄果类蔬菜前,还可以采收大量美味的叶菜。

种植秋冬蔬菜的好时机

播种和定植，都有适合的时期

夏天过后进入9月，日照会越来越短，温度也会慢慢下降，这样的环境，与气温缓缓上升的春天相比，播种期和定植期都被限制了。如果定植晚了，卷心菜和大白菜等不会结球，白萝卜如果播种迟了，也可能无法于年内收获。

配合各种作物的播种期来播种，是很重要的事，注意不要错过时机。如果播种迟了，一切都白费。

接下来，为您整理出日本关东平原地区主要蔬菜的适种时期。

9月上中旬将会非常忙碌，要播种的蔬菜包括洋葱、白萝卜、莴苣及芜菁等。还需定植7月播种的卷心菜、西兰花、花椰菜、抱子甘蓝，以及8月播种的大白菜、大蒜，同时还需种植秋马铃薯。

菠菜、茼蒿、油菜、水菜、芥菜、上海青以及乌塌菜等叶菜类，没有特别固定的播种时期，10月前依序播种即可。

栽培场所宽敞的话，不会有什么问题，但若是小菜园，9月时番茄、青椒、茄子及苦瓜等夏季蔬菜，还在持续生长，如果继续任其生长，就会错过秋季蔬菜的种植时机。

如果不收获夏季蔬菜，就没办法栽种秋冬蔬菜，若其收获期未到，也要先在夏季蔬菜的茎部定植秋季蔬菜的苗。

过去，要种植秋冬蔬菜，都要重新耕地并施肥，然后再做一次垄。但是，现在已经很少这么做了。收获夏季蔬菜时，摘掉地上部分，且不除根，春天做垄时直接利用。残余的根风化后，就会变成肥料回到土壤中。

也可以不破坏垄，直接在上面播种，白萝卜在这样的环境中，反而还长得更好，不易产生分叉。这就是无肥料的免耕连续栽培。定植时，如果暑气未散尽或者没有降雨，请先在定植穴里浇满水，再种入种苗。

卷心菜、西兰花及白萝卜等十字花科蔬菜，11月初前容易受到毛毛虫等危害，因此铺上防虫网会比较安心。

播种迟了……

不会结球　　大白菜

长不大　　哎呀　　芜菁

十字花科蔬菜要装防虫网！

秋天日落提前，气温逐渐下降，请抓紧时机进行播种及定植。

免耕连续栽培法

植物和微生物也会帮忙耕地

过去，就算想继续栽培夏季蔬菜，也会因为种植秋季蔬菜被迫中断，经过再次整地将农地复原后，再开始栽培秋季蔬菜。但是，近年来已经不这么做了，夏季结束时，可直接利用耕地种植秋季蔬菜。

不清除夏季蔬菜的根，只截去地上部分。就算是夏季蔬菜的采收季也可以在青椒、茄子和金芝麻等植株基部附近，种植秋季蔬菜的种苗。生根前，适度的遮阴似乎是有好处的。

我尝试了这样的栽培方式很成功，便连续栽培了卷心菜、西兰花、花椰菜、大白菜和白萝卜。由于我的租赁农场为1年契约，所以这样的连续栽培会于次年2月结束，但如果可以继续租，就可以继续栽种。

我在琦玉县蓝莓园一隅，也尝试了各种免耕连续栽培。下面就介绍一下我今年尝试过的有趣案例吧！

马铃薯收获后，在去年12月做好的垄上，混植了白萝卜和油菜。4月白萝卜采收前，于其间种植茄子，5月黄金周后，再耕地两端种植大豆。都是直接利用耕地种植。茄子接在茄科的马铃薯采收后种植也可以长得很好。

种植洋葱的地有两块，一块在采收前，于中央栽种芋头，这样洋葱采收后，芋头也开始发芽生长了；另一块则在收获前，于其间种植迷你南瓜，混植的洋葱采收后，之后就等迷你南瓜长大，再于其根部种植地瓜。于青椒采收之后，11月播种大蒜，春天就可以采收，并于中央种植青椒的种苗。这就是免耕连续栽培法。夏天结束时，将洋葱的球根，种植于耕地两边。

洋葱

迷你南瓜

甘薯

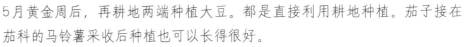

一边采收夏季蔬菜，一边种植秋季蔬菜。

西兰花苗

卷心菜苗

免耕连续栽培法

采收

茄子

油菜

白萝卜
（接近收获）

接近采收

为了在有限的空间种更多种类的蔬菜，只好下点功夫。

采收夏季蔬菜时，秋季蔬菜的种苗也在生长。

残根

青椒苗

胡萝卜
（接近收获）

谢谢你的保护

胡萝卜

青椒

在接近采收期蔬菜旁，继续种植其他蔬菜。

这样的栽培方法不麻烦，也能慢慢期待收获。

金芝麻

卷心菜

　　收获甜瓜后的垄可直接利用，可以种上黑豆的摘心断根苗。黑豆的根瘤菌会吸收氮，使土壤更肥沃。

　　如此一来，就可以不破坏垄，也不用担心连作障碍，连续播种、定植，完全不费事。做起来比想象中容易，而且可以大丰收，极力推荐这种栽培法。

选择适合连作的品种

从育土到选种，避开连作障碍

所谓的连作障碍指的是，在同一块耕地，连续栽培同种作物，导致病虫害侵袭和养分缺乏，使产量减少，甚至造成作物枯死的现象。为了避免这种现象产生，人们会实施轮作，但是家庭小菜园，如果在意连作障碍，就什么都种不了了，所以我还是经常进行连作。

连作障碍的发生程度，依作物种类而有所差异。甘薯和玉米等，是较少出现连作障碍的作物。但也有栽种后同一块地必须休耕数年的作物，如黄瓜、番茄、青椒和茄子等家庭菜园的常客，几乎都属于后者，是无法连作的作物。

难道必须放弃连作吗？不能试着挑战一下吗？

要知道大自然一直是混植并连作的状态。如果频繁使用化学农药和化肥，土壤生态就会被破坏，从而导致土壤贫瘠。土壤中存在着有益菌和有害菌，但只要两者能维持一定的平衡，就不会使土壤生态遭到破坏。不使用化学农药和化肥，有利于土壤保持生物多样性。

那么该怎么办呢？

要避免连作障碍，首先得从育土开始。放入全熟堆肥，加入天惠绿汁，就会给有益微生物打造优势环境。或放入稻壳灰等来源于动植物的有机肥。蔬菜除了植株的采收部分以外，剩余部分通通回归土壤，不要扔出田外。就算是生病的茎叶，只要堆于走道上使其风化，就能使其回归土壤。

慎选栽培的作物，也有利于避免连作障碍，即选择能抵抗病虫害的品种，此外，利用嫁接苗、共生作物或选择混植多种作物，也有利于避免连作障碍。持续自家采种的话，3年以后，该作物品种就有可能会变成适应

那块耕地的独特品种。

　我最近在积极实施连作栽培。在自家种植杂交品种，后代性状就会分离，但只要是像夏威夷番茄那样的固定种，就可以自家采种，反复种植几个世代后就会变成适应这片土地的品种。能看到这种变化，我非常高兴。

天然农药

利用天然驱虫剂，也能赶走害虫

不使用化学农药栽培蔬菜，要花很多功夫来防治病虫害。用化学农药来防治病虫害，效果很明显，但会对环境造成危害。

近年来，也出现了许多天敌农药。这种农药的出现让人很开心，但大型农场用得较多，而家庭菜园几乎没有使用。天然有机物也具有驱虫效果，虽然不会杀死害虫，但是可以让害虫因厌恶而不会靠近作物。

有一种烧酒和醋混合而成的天然农药非常有名。除了驱虫效果较好以外，还具有杀菌、活化土壤中微生物的作用。请选择精制且除去焦油的烧酒醋。另外，大蒜汁、发酵辣椒提取液等也有防虫效果。

我制作的烧酒醋原料为：烧酒150毫升、醋150毫升、木醋液150毫升、大蒜1头、塔巴斯哥（Tabsco）辣椒酱10毫升，大蒜磨成泥后，用纱布包裹后挤出汁液。塔巴斯哥辣椒酱可以代替发酵辣椒提取液。将这些原料混合后，烧酒醋原液就制作好了。将其装入500毫升的宝特瓶，使用时用水稀释100～500倍后，装入喷雾器中使用即可。如果可以加入一点液体皂作为表面活性剂，烧酒醋就能更容易附着于叶片上。

烧酒醋

虽然是预防性的驱虫剂，但是也会让毛毛虫一类的害虫痛不欲生。虫子讨厌烧酒醋，它们的天敌也不喜欢，所以建议在特定区域使用，不要大面积使用。

此外也可以定期喷洒天惠绿汁，环境中有益菌占优势后，就可有效抑制病原菌的活动。其中，以问荆为原料的天惠绿汁，具有预防白粉病的效果。

天惠绿汁

牛奶也有杀虫功效。我曾在草莓的茎上发现蚜虫，用画笔蘸上牛奶涂在爬有蚜虫得茎上，结果蚜虫全死了，这是因为牛奶的油脂会包覆蚜虫使其窒息而亡。使用天妇罗的炸油也会有同样的效果。

此外，草木灰也具有防虫效果。草木灰可以散落非常细的粉尘，装入细网袋后，在晚间撒于作物上。这么一来，叶子的表面就会变成碱性，病原菌不愿靠近，虫子也不喜欢在其表面产卵。下雨时，粉尘就会掉落，自然溶解后进入土壤，成为钾肥。

种子的保存方法

低温干燥，种子更长寿

元旦后我开始准备当年播种的种子，摊开一看，往往会觉得太多了，但计划各种种子的播种期，也是一件令人开心的事。

我手边有很多种子，包括从种苗店新买来的、自家采种的、剩余的种子等，虽然新种子再好不过，但之前剩下的种子如果可以发芽，我就不会丢掉。

长寿的种子

番茄 茄子

蔬菜种类不同，种子的寿命也不同。一般而言，旧种子除豌豆以外其他蔬菜的种子都还能继续使用。一般新种子和旧种子的发芽状况有差异，旧种子可能会花较久时间，也有可能就不发芽了。如果旧种子发芽情况不好，建议换成新种子。

短命的种子

大豆

洋葱 胡萝卜

市售的蔬菜种子，通常装在袋子里，上面标有品种名。我不会从种子包装袋品种名的地方剪开，而是从袋子下方剪开并取出种子。如果需要全部播种，我会在空袋子上写下播种日期并套在U形钉上插入土中。若有剩余的种子，就以折药包的方法，封存保管。

建议用日志等方式记录播种日期和品种名，这样可以作为日后的参考。人们普遍采用在耕地上立标识牌的方式，而我则是利用种子包装袋作标识牌，或在布胶带上写下日期和品种名，再贴于地膜上。

小种子

自家采种的秋葵或豆类等较大的种子，可以先将其装入网袋内吊挂一段时间使其干燥，充分干燥后，再装入玻璃瓶等容器中保存。小种子则装入塑封塑料袋中保存即可。

大种子

越健康的种子寿命越长。要延长种子的寿命，最重要的是提供低温干燥的保存环境。尤其在闷热的夏天，请勿将种子置于室温环境，最好装入瓶内或防潮袋，储藏于冰箱中。

新种子虽然发芽状况良好，但旧种子如果保存状态良好（低温干燥），也可以保证较高的发芽率。

走道中耕法

不用全部整地也有效

我们采用的农法不休耕，直接在同一块地上连续栽培，几乎不用重新整地。土壤的生态系统，反复整地反而容易被破坏。

不整地而在地里插上园艺支柱等棒状物，插入深度约1米，不仅微生物会活动起来，土壤也会变得松软喔。但是若走道土壤因经常被踩踏而造成板结，就不能这么做。因为土壤太硬，土中几乎没有空气，微生物根本无法保持活性。

在与著名农具开发专家冲田何雄先生交流时，发现走道中耕法的效果很好。可以仅松开走道的硬土，使空气进入土中，微生物即可活跃起来，蔬菜的根也可以迅速生长。

普通中耕

浅！

一般来讲，普通中耕法较常运用于土壤表面，但走道中耕法中耕深度较深，约25厘米。可以用普通铁锹进行中耕，但如果使用冲田先生开发的"四万十式龙马铁锹"，可以使工作更轻松。由于其前端细且踏脚处较宽，所以即使是硬土也可以迅速插入。

走道中耕

深！

用力将铁锹稍微向前方倾斜，并完全插入土中。不用翻土，而是直接向自己所在的方向拉起铁锹，轻轻带起土，使空气进入。然后往后退，每隔10厘米重复一次上述操作，最后铺上黑麦麦秆并撒上发酵肥即可。

可以先从避雨棚里面的走道开始，再扩展到室外的走道，之后蔬菜的长势会变好。

根快速扩张！

东京农业大学绿色学院试验发现，距离全部整地已过了3年，由于土壤培育得好，所以不太耕地，连作栽培的作物长势也很好。我在今年尝试了走道中耕法，用铁锹进行走道中耕，铺上黑麦麦秆，追施发酵肥。过一段时间后，田间走道会再次变硬，所以只要有机会就要进行走道中耕。这个方法有益于蔬菜的生长，请把它当作例行作业吧！

走道中耕法专用的四万十式龙马铁锹，踏脚处较大，容易插进土里。

第 2 章

■ 各论

讲解各种蔬菜的栽培方法

介绍50余种蔬菜的特性及创意满分的栽培方法，包括播种、育苗、混植、连作、采种、铺银黑地膜和设置防虫网等

秋播白萝卜

秋冬蔬菜的代表之一，品种多样

白萝卜有很多种类，品种和种植模式也很多，普通白萝卜属于较容易种的。

我常种的秋冬白萝卜品种是剑青总太。我也喜欢迷你白萝卜22，它是加贺蔬菜中称为"源助"的美味萝卜的一代杂交种，品种名"22"来自于其长度22厘米。这种白萝卜短小，圆胖，肉质细，相当美味。9月上旬至下旬均可播种，但9月上旬更加适宜。9月上旬播种，11月收获；9月下旬播种，则要等到12月才能收获。

在田里撒发酵肥和草木灰并整地，做一个宽70厘米、高10厘米的垄，铺上银黑地膜。每个垄播种2列，普通白萝卜株间距30厘米，迷你白萝卜22则约20厘米。

可以利用市售的开孔器，在银黑地膜上开孔。而我常用剪刀在银黑布剪圆孔。一手拿着种子，另一手的拇指和食指抓一些种子，用中指在孔的中央往下挖个约1厘米的小穴，将数粒种子放进去，再用手指覆土，压平，铺上防虫网，等待发芽。

迷你白萝卜22

剑青总太

白萝卜出苗到间苗阶段需要花点时间，建议利用这段时间，于其间混植小松菜或菠菜等。可在白萝卜长大前采收，这样可以充分利用有限空间。

间苗的次数取决于播种的数量，如果是数棵，待其发芽后、真叶长出来之前，间苗至2～3株，真叶长出4～5片后，再间为1株。第2次间苗的白萝卜叶，相当美味。这时，混植的小松菜和菠菜也到了采收期，之后白萝卜就开始快速生长。

白萝卜到了采收期时，外围的叶子会下垂，部分根冒出地面，称为"露肩"，待根长到一定粗度后，就可以拔起来采收了。

可以收获啦！

如果将白萝卜就这样放在地里，到了冬季天气寒冷，可能会使地上部分遭受冻害。不过，可以将成熟的恰到好处的白萝卜，从地里拔出来，切下数厘米叶子，然后在地面挖个坑，将白萝卜倾斜并排摆放。将棉被盖至白萝卜颈部并覆土，就这样可以放到次年3～4月，需要时再挖出来吃即可。

白萝卜9月上、中旬播种，年内即可采收。

冬播白萝卜

铺上地膜，赶走花芽

在冬季不会下雪的地区，可以在冬天播种白萝卜，第二年春天收获。但是，一定要覆盖地膜。白萝卜的种子吸水后，如果处于0～5℃环境中一段期间，花芽就会分化。放任不管的话，白萝卜就会抽薹，根部不会长粗。为了不让白萝卜抽薹，就必须抑制花芽分化。白天，如果防虫网内部的温度达到25℃以上，花芽分化就会停止。花芽分化停止后，白萝卜的根就会正常生长。这就是为什么要覆盖地膜的原因。

另外，选择适合冬、春播种且不易抽薹的品种也很重要。我经常用的品种是贵誉、VR春大星和迷你萝卜415等。请选购种子包装袋标有"适合冬、春播种"的品种吧！

在地里堆肥（保证完全腐熟），撒发酵肥及草木灰，然后整地，做出宽70厘米、高10厘米的垄，铺上黑色地膜。也可以使用透明地膜，但是春天容易杂草丛生，建议采用银黑色地膜，否则会很麻烦。

最近，我购买了一种带孔地膜，表面是银色的，底面是黑色的，所以不用担心长出杂草。有3列孔，孔的间隔为15厘米，种白萝卜的话，可以在外侧2排隔1个孔开孔，就可以保证30厘米的间隔。

白萝卜的叶子长至茂密，要经过一段时间。可以利用这段空闲时间，种植叶菜。如果将带孔地膜上的孔全开，就会变成间隔15厘米的孔，可以在其中混植小松菜或菠菜。插入漏斗，开成圆锥状的播种穴，在穴的底部撒几粒种子，覆土、压平即可。

土干了就浇水，在其上盖无纺布，再盖上塑料地膜。由于可以适度换气，所以白天防虫网内部的温度，不会上升得过高。之后，就可以采收中央的叶菜，同时将白萝卜间苗为1穴1株，等白萝卜长大，外叶下垂，根部变粗并"露肩"后就可以采收了。

抽薹

慢慢的

快速长大

冬天播种白萝卜，发芽后如果遇到5℃以下的低温，花芽就会分化；白天温度达25℃以上，就可以消灭花芽。

41

春播胡萝卜

选择春播品种，可在7月收获

在春天播种胡萝卜的话，初夏就可以收获。可以选择春天播种的专用品种MS春时五寸等，也可以选择Betarich或Beta312等春夏皆可播种的品种。

3～4月为播种期，6月下旬至7月为收获期。春季播种不像在夏季那么炎热，更容易发芽，种起来很轻松。

在田里倒入全熟堆肥、发酵肥及草木灰混合后整地，做一个宽70厘米、高10厘米的垄。铺上9415型银黑地膜——孔间距为15厘米的带孔银黑地膜。如果是造粒种子，1个孔放3粒；如果是普通种子的话，则多放几粒。以手指轻轻压出1个播种穴，薄薄覆土即可。

不铺银黑地膜的话，则建议采用沟底播种。沟底播种非常适用于寒冷冬季的播种，由于沟底的水分及温度较稳定，因此发芽状况较稳定。但是用三角锄头挖的沟容易坍塌，易导致植穴被掩埋，所以要制作沟底播种专用工具。

组装

用2片长70厘米、宽9厘米、厚1.2厘米的杉木板，接成直角，用钉子钉牢，再装上30厘米的把手，两边再装上板子，使侧面观为V形，这个工具称作"造沟先生"。

使用时，手抓着把手，施加身体的重量，在耕地上挖一条V形的沟。压一下土壤会被压平，且不容易坍塌。造粒种子会滚来滚去，自动排列于沟底，播种时，每粒种子间隔约3厘米。播种后，用"造沟先生"刮一下斜面，土壤就会掉落，即完成覆土。轻轻镇压一下即可。

给垄面铺上银黑地膜，土壤内部温度及湿度就会较稳定，胡萝卜就可以顺利发芽。盖上银黑地膜的话，等真叶长到数厘米时就进行间苗，留下一颗健壮的苗即可。沟底播种时，胡萝卜的叶子长到碰到地

膜后，就可以拿掉地膜，使每棵植株间隔约10厘米。间苗摘下的胡萝卜苗的根和叶子都可食用。

胡萝卜植株上可能会附着黄凤蝶、夜盗蛾及地老虎等害虫，一旦发现就要抓起来，放入瓶子中，消灭它们。虽然盖上防虫网可以防虫，但是夜盗蛾只要有一点小缝就可以跑进来，所以防虫网无法百分之百防止，因此要在栽培过程中仔细提防。

栽培中，可以喷洒稀释500倍的天惠绿汁，以及稀释100倍的厨余液态肥，可以使作物充满活力地生长。手指插入根部，若发现土壤中的胡萝卜根长粗后，即可采收。

黄凤蝶的幼虫

夜盗蛾幼虫

夏播胡萝卜

发芽前需保持湿润，要勤浇水

在日本，胡萝卜的主流品种是五寸胡萝卜。而我经常种植的品种是Betarich，从冬季到翌年夏季，都可以播种，其芯也是红色，相当有魅力。如果是夏天播种，我经常使用芯也呈红色的黑田系列菊阳五寸或新黑田五寸。

一代杂交变种金美EX，这种胡萝卜非橙色，而是金黄色，专门用于夏季播种。由于其根能很快就能长粗且长得整齐，颜色特殊，市面上少见，所以很珍贵。它榨成汁的颜色像凤梨汁一样，肉质软嫩，带有甜味，和一般的橙色、红色胡萝卜切成丝，做成沙拉的话，颜色就变得非常丰富。

日本关东地区夏季播种的胡萝卜，7月下旬到8月上旬为播种期。虽然梅雨过后天气还是炎热，但让种子发芽是最重要的事，建议利用刚收获马铃薯的耕地。

1平方米约撒300克的发酵肥及100克的草木灰，土壤结块会导致歧根，因此应尽量将结块弄碎。

做高约10厘米的垄，再挖出间隔15厘米、深约2厘米的播种沟，横的或竖的都可以，用拇指及食指抓一些种子放入沟内。

胡萝卜种子喜光，因此只需覆盖薄土即可。播种后，从播种沟的上方，用耙子背面稍微敲一下，就会有适量的土落下，并镇压土壤表面。

发芽前，为了避免种子干燥，请务必浇足水。为了防止强光直射，可以加上兼具防虫功能的防虫网来遮阴。播种后的主要工作就是间苗和除草，如果没有铺上防虫网，叶子一定会被黄凤蝶的幼虫等害虫啃食。

叶子长到数厘米后，进行间苗，留下大植株，植株间隔2～3厘米，此时如果长出杂草，请拔除。慢慢地胡萝卜的根开始变粗，当看到地面有龟裂时，再次间苗，将植株间距调整为10厘米。摘下的胡萝卜的根和叶子都可以食用，不要丢掉。

夏季播种的胡萝卜，大概是12月左右，根部尾端开始增粗。就算到了次年3月，虽然地上部分会枯萎，但可以直接将其保持原样放在地里，等到必要时再采收。寒冷时期胡萝卜的糖度会上升，将变得非常美味。

黄凤蝶幼虫

地下害虫

咦，竟然有黄色的胡萝卜？

Betarich
金美EX
菊阳五寸

真的是黄色的。

一块耕地上种了很多的胡萝卜品种，真开心。

夏季播种

❶ 撒上草木灰和发酵肥，用锄头耕地，将其混合。

草木灰

发酵肥

❷ 做垄，挖出播种沟，采用条播。

造沟工具

15厘米

❸ 用耙子的背面轻轻敲一敲，镇压土壤。

咚咚

❹ 浇足水。

夏季播种必须设置防虫网，之后就剩除草和间苗的工作。

间苗

2~3厘米

间苗

10厘米

胡萝卜可以这样直接放在地里储存。

冬天地上部分会枯萎。

咻

这样到了春天还有的吃。

在土壤里变得又甜又好吃。

胡萝卜的叶子会吸引黄凤蝶前来产卵，而其幼虫会啃食胡萝卜的叶子，所以要设置防虫网。

秋冬播胡萝卜

沟底播种较有效，5月即可收获

胡萝卜除了可在春夏播种之外，也可以在晚秋到初冬播种，采收要到翌年4～5月。夏季播种的胡萝卜采收后，春天播种的胡萝卜还不能采收时，此时刚好可以采收晚秋至初冬播种的胡萝卜。我在晚秋至初冬种的胡萝卜品种是Betarich和Beta312，它们连芯都会呈现漂亮的红色。

先在地里堆肥（保证完全腐熟），再倒入发酵肥、草木灰或有机石灰，将结块的土壤敲碎、过筛。做宽60～70厘米，高约10厘米的垄。

如果要铺上银黑地膜，请选择有开孔的地膜（型号9415或9515），如果不铺银黑地膜，就直接用"造沟先生"挖出间隔1～2厘米的沟播种，种子在沟里会自然排成一列。如果看到胡萝卜冒出头来，请以三角锄头和镰刀等工具，中耕行间，在植株根部覆土，这样就能防止胡萝卜露出的部分变绿。

胡萝卜的种子喜光，覆薄土，盖住种子即可，土过筛后再覆盖上去，效果更好。也可以撒上稻壳灰。土壤太干燥的话，应全面浇水。在上方盖上无纺布。如此一来，V形播种沟上方，就会被无纺布遮盖，形成一个微气象空间。这样沟底的水分和温度比土表稳定，可使种子顺利发芽。

如果铺了银黑地膜，可以用小型漏斗挖出三角锥形的播种穴，制造出同样的条件。在播种穴里放入3粒造粒种子，最后搭上小拱棚，即完成播种工作。

寒风中，避免小拱棚的棚膜被风吹走是件很重要的事。用塑料管夹将两端夹紧后再用U形钉钉牢。

由于胡萝卜在春季前生长缓慢，虽然就这样放在地里也没关系，但棚内如果变得干燥，应撒一次厨余液态肥，兼具浇水及施肥的功效，一举两得。等到春天后，胡萝卜就开始快速生长，等叶子长到10厘米后，就可以

Betarich

断面

这时候播种胡萝卜？

菜园伙伴

铺银黑地膜的情况下

9415型开孔银黑地膜

15厘米

15厘米

漏斗

用漏斗压出播种穴

11月下旬

5月

5月真的可以采收胡萝卜！

进行间苗了。如果是铺上开孔的银黑地膜，就间苗成1个穴1株；如果没有铺银黑地膜，就间苗成每株前后间隔10厘米。

4月中旬胡萝卜根部开始长粗，即可慢慢采收。由于是家庭菜园，所以没必要一次采收完成，长时间一点一点采收即可。我会在胡萝卜之间种植青椒和茄子的种苗。虽然4月可能会发生晚霜等气候不稳定的情况，但是果菜类的种苗，可以受到隧道棚和胡萝卜叶子的保护，因此能顺利生长。而采收胡萝卜后的耕地两边，可以种植迷你莴苣等，在果菜类植物长大前就可以采收莴苣。

芜菁

推荐生吃也好吃的品种

芜菁又叫大头菜，是日本春天七草之一。春、秋都可以播种，但秋天最适合。我经常栽培的品种是Hakurei，肉质细嫩，口感黏黏的，若切片生吃，仅蘸酱油就很美味；若做成沙拉，可以呈现出一种纯白洁净的美感。我还种了Miyama小芜菁，由于它是固定种，所以也可以自家采种，非常吸引人。

在地里堆肥（完全腐熟），全面撒上发酵肥及草木灰，将之混合，做垄宽60～70厘米，高10厘米。

铺上银黑地膜的话，会较容易栽种。使用孔距15厘米的9415型带孔地膜更方便。银黑地膜可以预防杂草生长，下雨植株也不会被溅上泥土，不容易染病。1个播种穴里放入几粒种子，轻轻覆土镇压。如果发芽前没怎么下雨，请记得浇水。

晚秋前，夜盗蛾、地老虎、胡蜂和黄条叶甲等害虫，会大量涌至，所以播种后，要立刻盖上防虫网。

配菜料理

如果是日本关东以西的平原地区，可以在晚秋播种，这个时候，如果架设开孔的小拱棚防寒，即便是寒冬期，也可以有收获。

植株长出真叶时间苗，将每个穴保留2～3株，留下大苗。等其再长大一点，地面露出一点白色根部时即"露肩"，1个穴留下1株即可。

这时候间苗摘除的芜菁，可以做成美味料理。

家庭菜园没有一次性采收完成的必要，可以从小芜菁到中芜菁，循序渐进采收，这样就可以长期享受芜菁的美味。芜菁看起来像坐在地面上，所以只要握住茎叶拔起即可，非常简单。

芜菁栽培结束后，若是秋天，就直接在同一个播种穴里，播种菠菜；若是春天，可以选大豆。

另外，不要单独栽种芜菁，可以混植菠菜或小松菜，这样就能轮流采收了。

如果将芜菁直接留在地里，经过冬天进入春天后，就会抽薹，开出黄花，既可以用来观赏，也可以采摘开花前的花蕾食用。

Hakurei又叫沙拉芜菁，直接生吃味道也很棒。除了盛夏，从秋天到翌年春天都可以栽种。

西兰花

从极早熟到中熟品种，可长期收获

西兰花是卷心菜和花椰菜的好朋友。现在西兰花有很多品种，原来我刚进入种苗公司时（20世纪70年代），只有中里早生一种。

我经常种植的是极早熟品种Speed Dome 052和中熟品种Shigemori，这些品种不仅花蕾好吃，连茎都非常好吃。两个品种除了夏季播种，也可以春季播种。日本关东平原地区Shigemori在7月下旬播种，Speed Dome 052在6月下旬播种，9月底就可以看到花蕾，10月上旬就可以采收了。为了发挥其极早熟的特性，避免移植时对植株造成伤害，选择定植时机非常重要。

如果适时在其采收后种植豌豆等，就能有效利用耕地。

中熟品种Shigemori可抗萎黄病及根结线虫病，容易栽培，但是因为侧芽较多，从冬天到翌年4月均可以采收，所以顶花蕾采收后就这样放着，之后还可以采收侧芽。

由于冬季没有害虫，所以人们通常会拆下防虫网，不过2月时，会有大群棕耳鹎到来，把叶子啃得精光，所以建议不要拆掉防虫网。

7月下旬播种，年内即可收获顶花蕾。9月也可以播种，但是收获期会推迟至翌年2～3月。

寒冷时期，花蕾会因为寒冷而变红，用开水烫过后，就又会变回绿色。不过，若不想让花蕾变红，就摘掉叶子将花蕾包裹起来即可。

前述两种品种，都是在直径12厘米的盆里播20～30粒种子，等长出1片真叶后，移植到苗床；真叶长到4～5片时，即可定植至田地。有没有铺银黑地膜都可以，若不铺，则要在生长发育过程中中耕、除草，并在植株根部覆土。

极早熟！

SpeedDome052　Shigemori

长期皆可享受美味！

春季播种要在2月中旬，利用加温育苗的方法保证苗床温度维持在20～25℃。3月中下旬种植，种植后盖上防虫网，5月中旬收获。

西兰花采收后，如果放任不管，就会立即变黄。趁新鲜吃掉当然最好，不过如果放入塑料袋将空气与之隔绝，并保存于冰箱，就不会变黄，还可长期储存。东方人通常会加热食用，但是听说西方人会生吃。吃法很多，因地而异。

51

花椰菜

春、秋皆可播种的品种容易种植

花椰菜可食部分是白色的，人们通常认为花椰菜没有西兰花有营养，以前我都只种西兰花。不过，我吃过花椰菜之后，觉得非常好吃，所以最近经常种植，当它长出又白又大的花蕾，真是令人开心。花椰菜含有的维生素C，即使加热也不易流失，其含量几乎和西兰花差不多。

我种过的品种包括早熟品种Baroque、SnowCrown和极早熟品种名月。名月是秋季栽培的极早熟品种，定植后45天即可采收，所以很受欢迎。早熟品种Baroque是在定植后75天采收，名月的采收期比它提早了一个月。

我的经验是，如果6月25日在育苗盆内栽种，真叶长出1～2片后再定植，9月下旬就可以长出漂亮的白色花蕾。

苗床育苗后再定植的话，10月中旬可以采收。花椰菜没有侧芽可以采收，所以10月成熟后直接清除，再种植豌豆或蚕豆。

如果是日本关东平原地区，Baroque和SnowCrown应在7月下旬播种，11月以后即可采收。收获期如果担心霜害，就把叶子折起来遮住花蕾，这样就不用担心它遭受霜害。铺不铺银黑地膜都可以，不铺的话，就需要进行中耕、除草，并于植株根部覆土。

10月前，会有夜盗蛾、菜螟或白粉蝶等的幼虫来啃食叶子，所以要盖上防虫网。夜盗蛾会在晚上来，并从防虫网缝隙进入，所以盖上防虫网也不能掉以轻心，要经常巡视观察。

如果看到有洞的叶子或绿色的粪便，就要打开防虫网，立刻处理。夜盗蛾的末龄幼虫会钻进土里，但早上通常在地面上活动，发现后应立即捕

花椰菜
轮作 OK
豌豆 蚕豆

妻子
富美子女士

好漂亮的花椰菜。

10月初

苗期务必注意害虫。

5月

春天也可以采收花椰菜！

2月播种，在温室育苗。

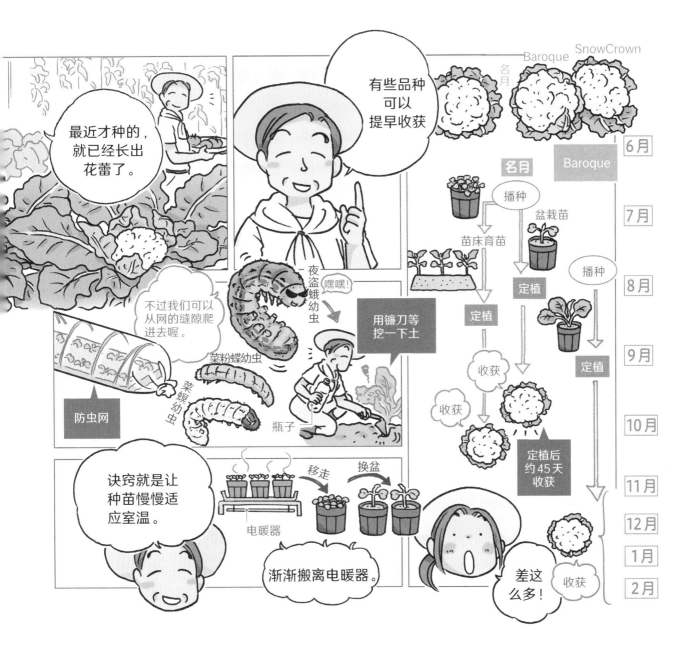

捉，放入宝特瓶中闷死。若植株受害，白天大范围地浅耕遭受啃食的植株根部周围的土壤，就可以看到幼虫。

　　Baroque和SnowCrown也可以夏季播种。2月中旬利用加温育苗，使苗床温度达20～25℃，等3月中下旬天气慢慢回温。长出4～5片真叶后，再定植到田里。

　　3月大部分地区都还很冷，所以要盖上塑料小拱棚或防虫网，进行保温栽培，5月下旬就可以采收到漂亮的白色花蕾了。

夜盗蛾幼虫

卷心菜

精选品种，就可从秋季收获至翌年初夏

电视上介绍过一种"第一口吃蔬菜"的养生方法。早餐先吃60克蔬菜，就能抑制之后摄取蛋白质和淀粉所造成的血糖上升，还可以抑制脂肪的吸收，而且效果可以持续到午餐。我听到这则新闻时，就将菜园刚采收的卷心菜，做成凉拌菜，每天早上吃。

卷心菜可以在春季、夏季及秋季播种。7月是秋冬采收的卷心菜的播种时期。因为恰处盛夏，炎热的天气较难育苗。请勿错过播种的黄金时机。

春季和夏季播种的品种有YR年轻者和辉。秋季播种的话，我每年都选择新若夏，它一般10月播种，翌年5月采收。

春季播种用温床来进行盆栽育苗，夏季播种不仅可以采用盆栽育苗，还可以采用苗床育苗。

夏季的害虫非常多。发芽后，嫩苗马上就会被吃掉。为了避免这种情况发生，采用盆栽播种，等发芽且真叶长出来后，再移植到耕地的苗床中。种植时，株间距3～4厘米，行间距15厘米。种苗的真叶长出4～5片后，用耙子等插进土里稍微翻弄以切断部分根，之后会长出新根，这样有利于扎根。

定植的时机在雨后最适合。盛夏炎热、日照持续时，请勿强行定植。盆栽苗根会缠绕，容易老化，所以定植应早一点；但如果是苗床育苗的话，晚一点定植也没关系。

在耕地堆肥（保证完全腐熟），再倒入发酵肥和草木灰，铺不铺银黑地膜都可以，在耕地中央种植时，株间距40厘米左右。秋天会有很多夜盗蛾或菜粉蝶的幼虫附着在卷心菜上，因此，种植后要马上铺上防虫网，这是为了避免害虫在上面产卵。

由于卷心菜的种苗长大需要一段时间，所以可以在垄

这是夏季播种的卷心菜

插进去

啊！你在对种苗做什么呢？

定植后，一定要盖上防虫网。

盆栽育苗

苗床育苗

的两边，混植收获期比卷心菜早的莴苣或其他叶菜类。生长期可稀释500倍的天惠绿汁和100倍的厨余液态肥，喷洒于作物上，这么一来，作物就能更好地生长。

　　11月底卷心菜会结球，从而慢慢进入收获期。此时，由于也没什么害虫了，所以拆下防虫网也没关系。

　　收获时，将外叶翻开，将刀子插入卷心菜叶球下方切断。收获后的外叶，不要扔掉，可以直接放在田里的走道上，使其风化，待完全枯萎后，再埋进耕地中，使养分回归土壤。

罗勒

摘除花朵，可变成长期收获的香草

罗勒有很多栽培品种，但是大部分都是一年生紫花罗勒（原本是多年生植物，但由于在日本无法度过冬天，所以常作一年生栽培）。罗勒一般在春季播种，寒冬一来植株就会枯萎。

罗勒具有独特的香气，是非常有代表性的香草，和番茄及橄榄油很搭，经常被用于意式料理。你应该常看到比萨上面放有番茄和罗勒吧！

夏季末，罗勒和紫苏一样会开出白色的花朵，白粉蝶和单带弄蝶等会来吸食花蜜。

罗勒叶子富含胡萝卜素，具有抗氧化作用，散发出来的香气有凝神、促进消化及抗菌的效果。

罗勒原产于印度，所以性喜高温多湿。非常适合日本的夏天。但罗勒不耐旱，所以建议采用可保持土壤水分的银黑地膜栽培。如果不采用银黑地膜栽培，则需要时常浇水，才能使其顺利生长。

在栽培上，罗勒与番茄混植也很搭，优点就是番茄会变得更美味，毛毛虫及温室白粉虱也不愿靠近。罗勒不仅可以与番茄混植，也可以搭配茄子或青椒等混植。

在耕地上堆肥（保证完全腐熟），倒入发酵肥和草木灰，一般盆栽育苗后再移植，但也可以直接播种在耕地上。罗勒的种子很小，黑色，具有光泽。

在日本，从染井吉野樱开花起到5月均可以播种，薄薄盖一层土即可。真叶长出数片后，即可间苗成1株。

苗长到高约20厘米时，摘芯使其长出侧枝，之后可持续收获长长的侧枝。如果一直让侧枝长下去，夏季末时，植株会开始开花。看到花芽时，如果即时摘掉，就可以一直采收到霜降前。

采收后如果将罗勒放入冰箱，叶子会因为不耐寒而变黑，建议像新鲜花材那样插入水中保鲜，这样就能维持一阵子。把剪下来的枝条如干花般倒挂，就能保持其香味。新鲜叶子用微波炉加热至干燥，捏碎后就成了干

番茄

罗勒种子

罗勒不耐旱，建议采用银黑地膜栽培。

茄子

罗勒也可以与茄子或青椒混植喔。

谢谢！

白粉蝶

罗勒的花

燥罗勒。

　　请试着制作罗勒酱，材料为：100克罗勒、1/2杯橄榄油、2大匙松子、1瓣大蒜及1小匙盐。

　　洗净罗勒的叶子沥干，将上述材料放进料理机器内，打成糊状。由于接触到空气后会变色，所以可以在表面铺一层橄榄油，或装入带有拉链的保鲜袋，然后置于冰箱保存。如果分装成小分量，放入密封容器中，冷冻即可长期储存。拌入煮好的意大利面或当成沙拉佐酱，都很对味。

乌塌菜

秋冬疏植，春季密植

乌塌菜在秋季播种，很耐寒，叶子大多是墨绿色，像缩起来的汤匙，并呈同心圆排列。寒冷时，其甜味会增加，非常好吃。乌塌菜春季也可播种，但不会跟冬季一样趴在地面上，而是会向上生长。

如果是秋季播种，9～10月可以利用盆栽育苗，但直接播种更简单一些。在耕地上堆肥（保证完全腐熟），撒上发酵肥、草木灰或有机石灰后耕地，做宽60～70厘米、高10厘米的垄。

乌塌菜冬天会趴在地面上，为了使叶片不沾上泥土，尽可能铺9515型带孔银黑地膜，银黑地膜不仅可以预防土壤干燥，也可以预防杂草丛生。

种乌塌菜的孔为第二列及第四列，株间间隔1个孔，即株间距为30厘米，1个孔播种数粒种子。以手指压出深约1厘米的播种穴，放入种子，覆土，轻压。同时在其他孔内种植比乌塌菜早收获的作物，如小松菜或叶用白萝卜等。

秋天会有夜盗蛾、小菜蛾及蚜虫等害虫，所以播种后请务必盖上防虫网，冬季害虫危害就会减轻。

乌塌菜应间苗1～2次，最后一次是在真叶长出数片时，留下一株即可。间苗可以利用剪刀剪下，也可以连根拔起，把间苗后拔出的植株，当成种苗再移植，生长期就会出现时差，可以在不同时间收获。

进行最后间苗时，将周边的小松菜采收完毕。播种后2个月左右即可采收，此时乌塌菜可以长至直径约30厘米。

可以整棵采收，也可以从外叶慢慢采收，这么一来就可以拉长收获期，这种做法也更符合家庭菜园的理念。长时间采收的话，可以洒点厨余液态肥等，就能拉长采收期。

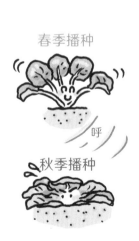

春季播种

呼

秋季播种

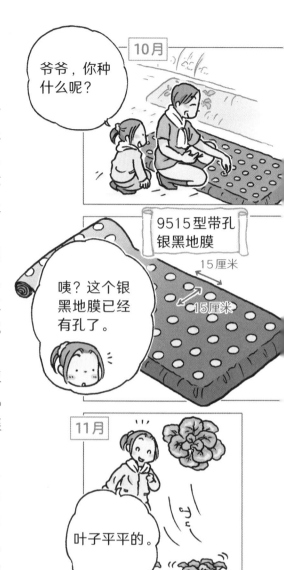

如果在春季播种，乌塌菜会往上生长，所以播种时株间距为15厘米，也不用间苗成1株，1个穴可以栽种2～3株。

乌塌菜和肉类配在一起，就可以炒出中国菜的味道。乌塌菜也可以凉拌或与油豆腐一起炖煮。

上海青

从小株到大株，收获期很长

在中国，上海青种植很普遍，叶子看起来很像汤匙，口感很好，是营养价值很高的绿色蔬菜。

我经常种的品种是一代杂交种青帝，采收时，选择株形整齐，叶片有弹性，又有分量的植株。上海青不易抽薹，一年四季均可栽种，这种特性很吸引人。早春时，多和卷心菜混植，不过也可以单独种植。

春天种植的话，要采用加温育苗的方式。2月中旬时，使用20～25℃的加温苗床，同时，可以与卷心菜在育苗盆内播种，等长出1片真叶后，再一株一株移植到直径6厘米或7.5厘米的育苗盆内，使其慢慢习惯低温，3月下旬堆肥，倒入发酵肥、草木灰，并铺上银黑地膜种植。

种植卷心菜时，株间距约40厘米，种植于其旁边的上海青，株间距约20厘米。虽然种植后害虫还很少，不过基于防风、防霜的目的，也要盖上防虫网。

进入4月后，植株就会迅速生长，从4月上旬开始间苗及采收，4月中旬，叶子都会长得非常有弹性。在采收结束后，卷心菜就会开始结球，所以种植时间上几乎没有冲突，要抓准时机混植。

福田先生的育苗屋

是上海青。

这是什么的种苗？

3月下旬租赁农场

小株

上海青从春天到秋天都可以播种，收获期很长。

单独栽培上海青的话，3月中下旬以后即可直接播种。在耕地上堆肥，撒发酵肥或草木灰，与表土混合，做宽60厘米、高10厘米的垄。铺上9415型或9515型带孔银黑地膜，用手指挖出深约1厘米的播种穴。一个穴播3～4粒种子，覆盖周边的土，轻压。播种后，立刻盖上防虫网。

盖上防虫网，不易遭受虫害，不洒化学农药就可以采收。当真叶长出1～2片时，即进行间苗，每个穴留下1株较大的植株，之后只要等待它长大即可。

上海青

我先走了！

慢慢长！

大白菜等

　　叶片长得不错时，即可依序收获，收获期大约有2周。家庭菜园的话，慢慢采收即可。

　　种子从春季到秋季都可播种，算是播种期较长的作物。近来，由于受到全球气候变暖的影响，暖冬的时候，即使是11月也可播种，但要等到翌年2月左右才能收获。这时，就不用盖防虫网，只要铺上地膜就可以促进生长。

　　越冬栽培时，由于会受到极度低温影响（春化作用），进入春天时，就会抽薹并开黄花。开花前的花蕾可以食用，非常美味。

洋葱

采用种子或种球栽培都可以

9月上旬到中旬，是洋葱的播种季节，我每年9月10日前都会播种。经常种植的品种是O.P黄和Aton，以及紫色洋葱红秀玉。

洋葱在苗床育苗，11月上旬至中旬定植。中熟洋葱品种过冬后，5月下旬至6月即可收获。

在苗床上撒发酵肥和草木灰，耕地，挖出宽15厘米的播种沟，播种沟间隔约1厘米。播种后，从播种沟上方，用耙子的背面轻轻敲一敲，覆土镇压。

种植

天气炎热时，种苗容易干枯，所以发芽前要浇水。育苗中需要中耕及除草，11月前可以培育出与筷子差不多长度和粗细的种苗。

种植的耕地，每平方米约倒入5千克的全熟堆肥、500克的发酵肥以及100克的草木灰，并铺上开孔间隔15厘米的银黑地膜。虽然试过很多方法，不过还是铺上银黑地膜长得最好。

先从大种苗开始定植。之后要铺上防虫网，严冬期还要盖上有换气孔的塑料拱棚，才能有效防寒。

12月起至翌年2月，适当追肥（厨余液态肥）的话，洋葱长得更好。

我的耕地会长宝盖草等杂草，不过严冬期就不除草，让其共生，具有保温效果。进入3月后，开始除草，这样可以给洋葱提供优质的生长环境。

3月后洋葱就开始急速生长。进入4月后，就可以拆除下防寒的小拱棚，之后洋葱便会快速生长，5月底鳞茎就开始变大。等到茎弯曲，叶子下塌后，就可以采收了。拔出来后，剥掉外面一层皮，将数株绑起来，放在不会淋到雨的地方风干保存，可以储存到冬季。

晒干

以上介绍的是种子栽培法，也可以采用种球栽培法。8月下旬，市场上会推出"小洋葱"。这种小洋葱可以像郁金香一样采用种球种植，11月底就可以采收。

如果是采用播种栽培，2月播种早熟洋葱品种，6月即可采收。若采用种球栽培，可以在8月底左右，播种这种小洋葱即可。它的味道相当好，请务必试试。

我试过以种子栽培法栽种出的没有长好的洋葱，并用其播种，虽然一样是小洋葱，但是并不会长大，不过我们采收了很多好吃的洋葱叶子。

种植已采收的洋葱，可于年内采收洋葱叶，翌年则可长出洋葱花，并采种。

菠菜

用草木灰中和酸性土壤

尖叶菠菜

圆叶菠菜

菠菜分尖叶菠菜和圆叶菠菜，两种杂交的品种也很多。尖叶菠菜有缺刻，根部常为红色，好吃是好吃，但无法于炎热时期种植。相较之下，圆叶菠菜除了非常炎热的盛夏外，在其他季节都非常容易种植。10月，两种菠菜都很容易种植，所以请务必试试看。

如果种植菠菜的土壤呈酸性，会使菠菜变黄、枯萎，请将土壤的酸碱度转变为中性后，再进行播种。我一般利用草木灰来将酸性土壤变成中性。

在耕地前方倒入发酵肥和草木灰，做垄。铺上9415型带孔银黑地膜，1个孔依序放入4粒种子，不需要间苗。需盖上防虫网。如果要盖上避雨小拱棚，则不需要用银黑地膜，而是以三角锄头挖出播种沟，间隔1～2厘米，直接播种；或是间隔15厘米挖一个播种穴，每个穴放入4粒种子。

前几天有下雨，土壤还是潮湿的时候，是最理想的播种时期。播种后，轻轻覆土镇压，等待发芽即可。过40～50天就可收获。生长期间如果洒点稀释的厨余液态肥或天惠绿汁，就能使作物更健康。长到适当的大小时，用剪刀剪断根部采收。依序播种的话，采收期就可以延长。

由于气候变暖的缘故，近几年到11月还能播种，不过，播种时间越晚，收获期就会越迟，可能赶上翌年的寒冬期。搭上有换气孔的小拱棚，就能防寒，种出品质良好的菠菜。

在租赁农场，经常看见冬天的菠菜抽薹，这是为什么呢？原因就在于路灯。由于晚上开着灯，日照被拉长，菠菜就会开花，尤其是尖叶菠菜，其花芽容易分化。所以，避免在有路灯的地方种菠菜，是最安全的。

燃烧除下的杂草或剪掉的枝条，就可以获得草木灰。干燥的草和枝一定要燃烧充分。如果是将潮湿的拿去燃烧，就会冒出大量浓烟。注意要选择于无风的傍晚来焚烧。

在燃烧完毕前，也是烤红薯的好时机，趁热收集草木灰。准备好灭火器，用铲子铲起燃烧后的残留物，以孔径5毫米左右的筛子过筛，就能收集到草木灰，待其冷却后就可以使用。

菠菜在长日照下，花芽会分化。如果种在路灯旁，就容易抽薹。

芦笋

种植一次，可连续采收10年

芦笋是很特别的蔬菜，种植一次，便可采收近10年。常见的品种有 Mary Washington、Green Tower 和 Welcome。芦笋即使播种了，也不像一般蔬菜，可以马上采收，要采收较粗的茎，大概要3年以后。

芦笋的植株，高度超过1米，宽度较大，所以种植穴要大一些。需挖出直径60厘米、深30厘米左右的种植穴。放入5千克堆肥、2～3把发酵肥以及1把草木灰，与挖出来的土混合。

垄的高度约10厘米，种植数株芦笋时，株间距40厘米。3月左右播种数粒种子，覆土等待发芽。

发芽后，会长出细长的茎，清除掉周旁杂草，使之成长，待3年后，就可以采收粗茎。收获高峰期在4～5月，6月后不要采收，使茎叶生长，并使其储藏根储存次年用的养分。

我是芦笋！

另外，也可以买市售的2年生种苗来种植，从冬天到春天，都可以买到种苗。虽说是种苗，但其实是1大把粗根（这是储藏根，含有大量养分），买来后进行种植即可。

准备好种植穴，将种苗的芽置于中心，让储藏根呈放射状散开，覆盖10厘米左右的土，出芽后，则会慢慢长大，之后只要进行除草即可。快的话，隔年就可以采收。

茎长到25厘米以后，用手采收即可。如果有光照，芦笋就会变绿，遮光的话就会变白。

芦笋有雄株和雌株之分。入秋后，雌株会长出如南天竹一样的正红色果实，中间会有黑色种子。

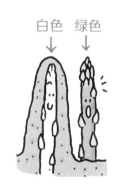

白色　绿色

有的害虫喜欢吃出芽的芦笋，每年都会来探访。例如芦笋叶甲（又叫十四点负泥虫）体长7毫米左右，表面有黑色斑点，常会成群结队来啃食嫩茎，被啃食后的部分就不会再生长，造成茎部弯曲。可以盖上防虫网来防虫，不过我都直接人工捕捉，宝特瓶装上漏斗，将虫子拨入其中，拧紧瓶盖后闷死即可。

帝王菜和紫苏

从夏天到秋天，循序渐进采收

帝王菜和紫苏科别不同，但生育适温相近，两种作物株型都很大且长势旺盛，所以对家庭菜园而言，各有一株就已足够。

帝王菜又叫菜用黄麻、麻叶菜，据说在古埃及被称为"国王的蔬菜"，原产于非洲热带地区，20世纪80年代输入日本。它没有涩味，富含钙、维生素及其他矿物质，是盛夏中珍贵的绿色蔬菜，7月以后会快速生长。

帝王菜不用太早播种，因为其发芽温度需约30℃。

在耕地中堆肥（保证完全腐熟），倒入发酵肥和草木灰。如果是盆栽育苗，用直径9厘米的盆，等到真叶长出4～5片后，再定植到地里。天气变热前帝王菜都不会长大，所以可以混植菠菜或小松菜，以充分利用耕地，待混植的叶菜类采收结束后，帝王菜就开始生长了。

只要有一株帝王菜，就可以有不错的产量，由于它可以长到1.5米左右，所以当它长到20～30厘米高时就要摘芯了，以促使长出侧枝。

哇，是帝王菜！

帝王菜刚开始长得慢。

为了使侧枝生长，要摘掉花朵。

数星期后

咦，竟然长那么大了！

先采收帝王菜前端约10厘米的软嫩部分，9月后会开黄花，为使侧枝生长，需摘除花朵。如果开花后，就会长出细长的豆荚，里面长满种子，这个种子具有毒性，不能食用，但是可以留种。

紫苏原产于中国，现在已是日本家喻户晓的香草，它拥有独特的香气。播种后，翌年开始就会长出种子并自播，没有肥料也可以健康成长，非常适合自然栽培。

紫苏的种子喜光，播种后，只需薄薄覆土即可。由于其初期生长较慢，所以需要清除周旁的杂草。它不仅在日照良好的地方，半日照

帝王菜

也可以生长良好。

　　7月开始进入盛夏，紫苏生长变得旺盛，这点与帝王菜相似。紫苏的变异较大，有白苏和紫苏两种，白苏叶全绿，紫苏叶两面紫色或叶面青色、叶背紫色，白苏香气不如紫苏浓。如果是将紫苏当成调味料用，则应一片一片采收刚长成的嫩叶，也可剪下整条枝插在杯子中慢慢使用。紫苏（紫叶类型）经常用于梅干染色或与醋混合当作果汁饮用。

　　紫苏若一段期间不采收的话，就会长很大，可以长到1米以上。初秋时，枝的前端会长出花穗并开花，紫苏花穗也常被作为调味料使用。

白苏

紫苏

欧芹

只要一片就能香气四溢

欧芹的营养价值超群，如果只把它当作摆盘装饰，就太浪费了。

如果温度可以保持在5℃以上，就可以周年种植。春季播种或秋季播种都可以，不过我通常采用育苗栽培，秋天在温室育苗，冬天采收，初夏则栽培至抽薹。品种包括Paramounnt、Grand和MossCurled等。

真暖和

欧芹的种子像胡萝卜一样，喜光，所以发芽需要光照。播种后，薄薄覆土（2厘米左右）即可。等待出芽需2周以上，所以请耐心等待。

春天播种的话，可以在耕地两边，与夏季蔬菜番茄或青椒等果菜混植。秋季播种的话，要将植株放在冬季温度不会下降的地方栽培，也可以利用盆栽，置于窗边。

欧芹的叶子依序呈放射状展开。外侧的叶子长到碰到地面或地膜时，就可以从根部采收了。不要用刀切，而是直接将叶子从根部开始剥取。

采收后的欧芹，会散发出浓郁的香气，把几片叶子绑成一束，插进水杯，就像插花一样，可以保存数日。新鲜的绿色叶子相当漂亮，非常具有观赏价值。摘取几片叶子可以作为摆盘装饰，或作为沙拉、炖菜的配料。我们家经常做欧芹煎蛋，好吃且营养满分。

将欧芹冷冻后，可以长期维持新鲜的绿色，提前切碎备用也很方便。想将欧芹叶弄碎时，没必要用刀切，而是可以将采收后的叶子，装入塑料袋内冷冻，从冷冻库取出后，以手从袋子上方挤压，一下子就碎了，去除叶柄即可，量多的话，可以装入容器中继续冷冻保存。欧芹用这样的贮存方式可以一直保存下去，必要时再取出使用，相当方便。

黄凤蝶

如果栽培于室外，和胡萝卜一样，春天到秋天，会有黄凤蝶的幼虫来啃食叶子，请仔细检查，看到的话，就捕捉杀死。

秋季播种、冬季采收的品种，5月抽薹，6月开花，结实后可以采种。

大葱

插管种植法，栽培更有趣

我经常种植的大葱，有能抵抗恶劣气候的"长宝"，葱白软嫩且生长良好的"金长3号"，耐抽薹的"长悦"，长势整齐的一代交配种"夏扇2号"，分蘖能力强的"汐留晚生"，以及粗壮美味且广为人知的"雷帝下仁田"。

一般大葱播种期从冬天到翌年春天，但是长悦也可以在6月播种，3～4月采收。冬天气温低，播种后超过1个月都很难发芽。如果是3月播种，则很快就会发芽，播种愈早，收获愈早。

3月播种的大葱，6～7月是定植期。以前我都采用以下种植方法，先挖出深30厘米的种植穴，在种植穴的一边将种苗直立放置，种苗间隔5厘米然后在根部培土。种植穴中放入腐叶土、麦秆、大豆的茎叶等，等大葱长大后，再慢慢倒入土壤，从秋天到冬天，大概培土3～4次，可使软嫩的葱白生长，还可防倒伏。

近年来，人们都采用了更简便的栽培方法——插管种植法。不用挖30厘米深的种植穴，而是用19毫米宽的管子插入土壤，开深30厘米的种植穴，再将大葱种苗放进去。但是，这个方法适合已经长到40厘米左右的大葱种苗。这样的栽培方法种植穴下方不会干燥，大葱种苗容易扎根。大葱种苗如果比较短，挖的深度约苗长的2/3即可。

种苗开始生长后，可以用普通的土壤培土，不过培土需要一定的宽度。若利用杉板等，在夹板中栽种大葱，就不用在意培土的宽度。随着大葱生长，增加板子高度，葱白部分会长得很好。旁边还可以种植叶菜等。

每次培土时，在夹板外侧撒上适量发酵肥，就能使大葱健康成长。

如果冬天时播种较早，育苗后不必迅速定植，等到春天至夏天，于果菜类的垄两边开种植穴，利用插管种植法，使其共存，可以预防黄瓜等瓜

长宝
金长3号
雷帝下仁田

大葱的苗

大葱采用插管种植法？

妻子 富美子女士

首先，在耕地一侧设置木板。

椽木
电动螺丝刀等
螺丝
杉板（1片）

可以和其他蔬菜一起混植喔！

种植穴很特别。

瓜类蔬菜

类蔬菜枯萎病。茄科蔬菜垄的两侧，也一样可以插管种植法种植大葱，进入夏天后，即可拔起大葱，使茄科蔬菜独立种植。

　　开种植穴时，如果土壤干燥，开好的洞会被落下的土壤埋起来。所以在雨后土壤湿润时，进行这个工作，会较顺利。如果耕地有空间，可采用培土的方式栽培；如果耕地较小没有空间的话，可采用夹板栽培。

迷你白菜

体型小可密植，春天也可采收

8月上、中旬是大白菜的播种时期，大白菜有早熟、晚熟等各种品种，建议家庭菜园种植分量刚好的迷你白菜。

我经常种的品种包括Chabo和娃娃菜。

一般的大白菜，种植时株间距40～45厘米，但迷你白菜只要20～30厘米即可。

过去，如果在租赁农场种植迷你白菜，农场主看到了就会说"株间距太狭窄了"。我说"这是迷你白菜"，有的农场主还会很惊讶！日本专业的种植户，大概很少种植迷你白菜吧。

由于株型较小，所以可以混植，我曾经在玉米的行间混植迷你白菜，结果失败。虽说迷你，但它的叶子也会持续扩张，覆盖住玉米的芽，玉米就没办法再长了。而同时播种的上海青和小松菜，就长得很好。

夏季在8月上、中旬，播种于育苗盆中，在常温条件下使之发芽。等真叶长出后，移植到盆径7.5厘米的育苗盆中或在苗床育苗，待真叶长出数片后，定植到地里即可。

在耕地里堆肥（完全保证完全腐熟），倒入发酵肥和草木灰，做宽60厘米、高10厘米的垄，铺上能驱赶蚜虫的银黑地膜，效果加倍。

蚜虫大量出现的话，会造成极大的损害。我就曾经遇过蚜虫附着于种苗，且安全躲在防虫网内大量繁殖的情况。

如果植株遭受蚜虫侵害，叶子会变黄且枯萎。不混植的活，1垄种3行，株间距20厘米，这样的种植密度刚刚好。10月底到11月采收，也可以放着等到12月左右再采收。

迷你白菜

大白菜

蚜虫

银黑地膜

　　春天播种的话（一般在2月中旬），利用温床育苗，使地温达20～25℃，才会发芽。发芽后，移植到盆中，使之慢慢习惯常温，3月中旬再定植。初春还没有害虫，不过春天风大，所以也要铺上防虫网，兼顾防风及防霜。

　　樱花开花后，迷你白菜就会急速生长，5月黄金周前后即可收获。租赁农场里每年都会有人种植大白菜，不过几乎没有人在春天种植迷你白菜。

蘘荷

从夏到秋皆可采收，种植于阴凉处

蘘（ráng）荷是姜的好朋友，两者的叶子看起来很像，在家里面种植的话，会长得很快，一点都不麻烦。夏天到秋天，花穗从根部长出来，花穗上的花蕾称为"蘘荷花"，可作为调味料。

开花后，花朵相当显眼，很容易就能注意到蘘荷是通过根状茎繁殖的多年生植物，第一次种植时，可选在4月左右，至园艺店购买根状茎来栽种。如此一来，等出芽后，就会快速生长。蘘荷壤喜阴，适合种在黄瓜、苦瓜下面，或葡萄园棚架下等。

东京农业大学绿色学院中，春天种植蘘荷根状茎的地方，长出来几根芽。夏天虽然没有发现蘘荷花，不过10月左右有发现凋谢的蘘荷花。过冬后则长出大量芽，5月下旬我在番茄屋北侧，倒入很多腐叶土，将其定植，之后便开始健康生长，7月起就开始采收蘘荷花，环境条件似乎相当适宜。

10月

爷爷！葡萄棚架下面长出花了。

4月

春天时，切下部分蘘荷的根状茎。

切掉。

蘘荷的根状茎

种在阴凉的场所。

如果与腐叶土混合就更好了

我不仅在田里种了些，而且在家里也种了一些，育苗盆土表铺上一些秋天捡来的落叶，蘘荷根状茎就迅速增长。没有施肥，不会生病，虫子也没来，完全可以放任其自然生长。

一般都是采收蘘荷花，不过也有采收蘘荷笋的。蘘荷笋看起来像茎，其实是称嫩芽，由于看起来像竹笋，所以称为蘘荷笋。

栽培蘘荷笋比较耗费时间，先将在露地耕种所培育出来的蘘荷苗移植到室内。为了让蘘荷呈现白里透红的颜色，要记得每日稍微晒晒太阳。

蘘荷

根据2008年日本农林水产省统计，高知县的蘘荷花的生产量为4 328吨，占全国产量的76%，位居第一。蘘荷笋的产量较少，全国的年产量约78吨。以各县市来讲，宫城县年产量45吨，位居第一；京都府32吨，位居第二。

胡葱和韭菜

反复耕种，持续收获

胡葱是大葱的好伙伴，鳞茎簇生，它一般不采用播种栽培，而是采用分株（鳞茎）栽培。胡葱据说是洋葱的花粉附着于大葱柱头上杂交而来。它不仅可以种在田里，也可以盆栽。在耕地里堆肥（保证完全腐熟），倒入发酵肥和草木灰。从夏末到初秋，均可种植鳞茎。每穴2～3个鳞茎，间隔10～15厘米，让鳞茎前端稍微露出土表即可。种太深的话，鳞茎就会腐烂。若采用盆栽，则取赤玉土和腐叶土各一半，加入1把发酵肥和草木灰，充分混合，株间距10厘米，种植时使鳞茎上方微微露出土表。

出芽后，撒上稀释500倍的天惠绿汁以及100倍的厨余液态肥，就能使其健康生长。叶子长到20～30厘米长后即可采收，从植株根部上方数厘米处切断，之后还会长出新叶子，可反复收获多次。不过冬季，地上部分会因寒冷而枯萎。入春后，则会再次长出新芽。

如果不采收叶子，5月左右胡葱会像洋葱一样，叶子塌下，进入休眠期。这个时候，长在地下的鳞茎，会转变为下次栽培的种球。种植前，需放置于通风良好处，使其干燥。

另外，韭菜像胡葱一样，可定期采收叶子。韭菜一般采用播种栽培，不过第一年是植株养成，收获则从第二年开始。

韭菜也可采用分株栽培法。冬天时，将大植株分为小植株后种植，入春后即可收获。种植一次后，即可采收2～3年。2～3年后，进行分株更新，就会"返老还童"了。

在耕地里堆肥（保证完全腐熟），撒入发酵肥和草木灰，将分株而来的小植株，间隔20厘米种植。比起做专用垄，不如利用耕地边缘等，种植

天惠绿汁+厨余
液态肥+水

爷爷！耕地的边缘，种的是什么呀？

是胡葱喔。

胡葱的种植方法

在耕地里堆肥（保证完全腐熟），倒入发酵肥和草木灰，种下鳞茎。株间距10～15厘米。

胡葱的鳞茎

这边也是胡葱吗？

那是韭菜。

一行，也能采收。

　　叶子长大后，放置时间太久就会变硬，所以要从植株根部起数厘米的部分切割采收。这么一来，就会长出许多新芽，趁叶子还很嫩时采收吧!

　　韭菜和胡葱一样，也可以采收许多次，不过地上部分会因为寒冬而枯萎。但入春后，则会再长出新芽。

　　生长期间可以撒上稀释过的天惠绿汁和厨余液态肥。9～10月时，花茎开始生长，会开出白色花朵，还会引来很多授粉昆虫。11月左右，就可以采到很多种子了，如果想持续采收，就要尽早从植株根部，切下花茎。

韭菜花

抱子甘蓝

以宽株间距种植

抱子甘蓝是甘蓝的变种，也称为芽甘蓝或子持甘蓝。我目前栽种过的品种包括Family7和早生子持。抱子甘蓝的茎可以长到数十厘米，1棵植株的节上，可以长出数十个直径2～3厘米的小叶球。我还种了不会结球的品种Petitvert，这是甘蓝和抱子甘蓝的杂种。

抱子甘蓝喜凉爽，所以适合于7月下旬播种，8月下旬到9月下旬定植。没赶上播种的话，可以到种苗商店购买种苗。栽种方法和卷心菜相同。播种于直径12厘米的育苗盆里，待真叶长出后，移植到直径7.5厘米的育苗盆中，或种在耕地的苗床。待真叶长出5～6片后，即可定植。株间距要比卷心菜大，一般为50～60厘米。

预先在耕地堆肥（保证完全腐熟），倒入发酵肥和草木灰。可以的话，铺上银黑地膜。抱子甘蓝和卷心菜一样，会有蚜虫、夜盗虫及地老虎等害虫危害，11月前建议盖上防虫网，天气变冷后，害虫就会消失。

抱子甘蓝生长过程中，不要停止施肥等，就能在年内长大。如果不铺银黑地膜，则需追施几次发酵肥，中耕并覆土，摘下变黄的下位叶。

土壤如果变干燥，请积极浇水，尤其开始结球时，必须有充足的水分。铺上银黑地膜的话，土壤不容易干燥，但是由于没有培土，茎变长后，反而会被强风吹倒，这时就必须立支柱。

Family7

早生子持

Petitvert

早的话，11月起就可以采收，请从下方叶球依次采收。采收时会摘除下位叶，只剩下上位叶，这样植株就变成了伞状。上位叶剩下10片左右即可，摘除下位叶，可以促使侧芽结球。

年内就可以开始收获了，可以持续采收至翌年2月。进入2月后，棕耳鹎回来啃食叶子。这时要铺上防虫网或防鸟网，以避免叶子遭到啃食。将采收的抱子甘蓝整个炖煮、快炒或做成日式火锅都可以。寒冷时，甜味会增加，呈现鲜绿色的叶球相当漂亮，是装点饭桌的美丽食材。

大叶茼蒿

生吃也好吃，建议采用沟底播种

沟底播种（无银黑地膜）

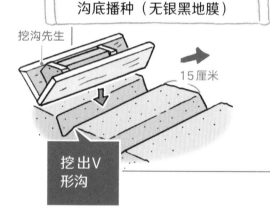

挖沟先生

15厘米

挖出V形沟

大叶茼蒿
中叶茼蒿
小叶茼蒿

在日本关东地区主要栽培中叶茼蒿，我也在长期栽种茼蒿3号等的中叶品种。

2～3年前，在农场伙伴的耕地中，发现了大叶茼蒿。叶子较宽，肉厚，叶色柔和，生吃也很美味，我很喜欢。从那时候开始，我每年都会种植大叶茼蒿。茼蒿的播种时期从春天到秋天均可，可以一次性采收，也可以边种边收。家庭菜园建议采用边种边收的方式，9月下旬深秋时是播种适期。

在耕地中堆肥（保证完全腐熟），倒入发酵肥和草木灰，做宽60厘米、高10厘米的垄。若铺设银黑地膜，则选择间隔15厘米带孔地膜。用小漏斗挖出锥状的播种穴，在穴中放入数粒种子，覆土，用铁锤轻轻敲压。

待真叶长出时开始间苗，1个穴保留1株健壮的苗。如果不铺银黑地膜，则利用工具——挖沟先生，与垄面呈直角，每隔15厘米作1条V形沟，播种也是间隔15厘米。将土倒入孔径2毫米网眼的筛子上，筛一下，就能用其适度覆土于沟底，浇水后稍微镇压。发芽前盖上无纺布，或从一开始就盖上防虫网。

蚜虫、地老虎或夜盗虫会在茼蒿上危害。稍不注意，就会被吃光。千万不要粗心大意，经常检查是很重要的。

采用沟底播种，需要间苗，成株间距保持在10～15厘米，等植株长大后，主茎长到约20厘米后，即可开始采收。留下3～4片下位叶，用剪

夜盗虫幼虫

刀剪断，之后，再等侧枝长出，即可持续采收。

过冬的植株以及春季播种的植株会抽薹，开花前均可采收。

5月中旬左右，茼蒿就会开漂亮的黄花，有些外侧有白色镶边等，相当美丽。赏花后，待种子长出，就可以摘下花朵，放入网袋中，使其干燥。干燥后揉搓一下，吹掉的多余部分，取出里面的种子，即完成采种。种子放入瓶子或拉链袋中保存，可用于下次播种。

油菜

自家采种很容易

日本埼玉县饭能市和东京都青梅市，所栽种的油菜是固定种，寒冬期也可以健康成长。春天抽薹的油菜，可食用花蕾。油菜有茎带红色及绿色的品种，较特别的地方是，一般十字花科植物具有自交不亲和性，但是油菜可以自花授粉。因此，自家采种也很简单。

在东京农业大学绿色学院，每年9月下旬播种，收获祭的时候，都会发配种苗，因此，需要栽培出数百株的种苗。首先在育苗盆里一粒一粒播种，待10月中旬长出1～2片真叶，且根开始发生缠绕的时候，移植到直径为7.5厘米的育苗盆里。不过，由于育苗盆很小，所以如果移植太晚，根会挤在一起，导致老化，因此定植的时机相当重要。

也可以采用直接播种。耕地中撒发酵肥，行播或间隔30厘米撒数粒种子。随着种苗慢慢长大，就要进行间苗，最后使株间距保持在30厘米即可。收获后可以做烫青菜等料理，相当美味。

间苗时，先中耕植株周围，覆土。由于油菜很耐寒，所以可以直接放着过冬。不过，到了翌年1～2月时，会有棕耳鹎来啃食叶子，严重时会被吃到只剩叶脉，所以要铺上防虫网或防鸟网。

进入3月后，油菜会快速生长、抽薹。开花前，用手摘除花茎。之后就会再长出侧芽，4月即可继续丰收。植株较大，有些甚至可以长到与人同高。这个时候，就要选择几棵采种用的植株，不采收而使其开花结籽。授粉的工作交给蜜蜂就可以了。

油菜

明明是十字花科植物，却不需要杂交？

妻子 富美子女士

间苗下来的苗，也很好吃喔。

间苗

东京农业大学绿色学院中，每年都会栽培大量油菜种苗。

咻～

花朵授粉后，就会长出豆荚。植株枯萎后，收获豆荚，放入网袋，放置于防雨屋等地方干燥。充分干燥后，再从豆荚取出种子，以孔径2毫米的筛子过筛，丢掉过小的种子和杂质，即完成采种。放入瓶子或拉链袋中保存。

油菜花

豆荚

种子

芽苗菜

种在田里叶大茎直

我们平常所吃的芽苗菜，是白萝卜或西兰花等十字花科、豆科和大麦等谷类的种子冒出的新芽。

豆芽菜是绿豆芽、黄豆芽等的统称，常在暗室栽培、生产。不过，只在茎变长前放置于暗室，之后又会接触阳光，使其绿化。萝卜苗富含维生素、矿物质以及酵素。发芽第3天的西兰花苗中，含有萝卜硫素，有报道称具有防癌功效，因此名声大噪。

市售的芽苗菜几乎都生产自无土栽培工厂，虽然也能买到家用水培设备，但我都是利用土壤播种白萝卜苗和西兰花苗。市场上售有许多芽苗菜的种子，很容易就能买到。相较于市售商品，用土栽培的白萝卜苗，叶子更大，分量更足。市售商品只利用种子本身的养分栽培，而以土壤栽培的芽苗菜，可以在土里扎根，吸取养分，自然也长得比较大。

种在田里时，吃多少采收多少。用4片长30厘米、宽9厘米的木板，做成"口"字形的框。在其上铺防虫网，或者做个盖子，这样可以使害虫短期内无法靠近。种子播种时，间隔约1厘米，覆土至看不见种子即可，干了的话就浇水。不必刻意遮光，这样就会和其他蔬菜竞争，茎就会伸长。

子叶接触到防虫网后，即可采收。拆下木框，用剪刀在靠近地面处剪断。我大多都是想到才种，没什么计划，如果能有计划的持续播种，就可以一直采收。

冬天将芽苗菜播种于育苗盆中，用土壤栽培，同时要将其放在温室或

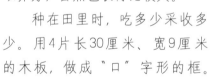

福田先生，你又在做什么呀？

把木框放在耕地上播种。

在地里随时都可以栽种。

白萝卜苗

癌症

西兰花苗

室内窗边。

　　也可以摆放育苗盘或素烧浅盆中，放入容量一半的育苗土，再撒种子，覆土至看不到种子即可。为了避免干燥，要定期浇水，不需盖防虫网。

　　就像温室的育苗床，如果温度在20℃以上，冬天也可以采收。最重要的是，可以在食用前采收，所以很新鲜。而且，房间里有绿色植物，也很令人愉悦。

暖暖的

番茄

可自家采种的美味蔬菜

番茄是自然农法中，具有高人气的固定种，所以可以自家采种。我是在3年前开始栽种的，虽然我种植番茄的技术还不是非常纯熟，但是去年秋天，已经收获了很多高甜度的美味番茄。如果在同一个地方连作，栽种后一定要将残余物埋起来。今年春天，我计划混栽白萝卜、小松菜、菠菜和大豆，直接采用免耕连续栽培法来种植，也不需要施基肥。

混植

番茄

大豆

白萝卜 小松菜

去年的残留物做堆肥

东京农业大学绿色学院的学生们，也是从两年前开始在防雨屋中连作番茄的，还进行了自采种，种出了高甜度的美味番茄。春天种植，可以采收至12月。虽然番茄夏天有休眠期，但秋天就会结束休眠，开始生长。

去年7月采收了成熟的果实，吃掉果皮，取出整个番茄囊，将番茄囊放入瓶子或塑料袋，置放于常温2～3天，就会自然发酵，种子周围的胶质物便会剥落。加水漂洗晾晒，即完成采种。

2月中旬，播种于直径为12厘米的育苗盆中，利用25℃的温床使其发芽。待长出2片真叶后，中耕断根，在天惠绿汁中浸泡1小时后，再一根一根插入育苗盆。过几天就会发根，之后按照正常管理即可。

通常在第一花序开花时定植，不过如果无法配合这个时机定植，也可以摘除第一花序，这么一来种苗就会长得健康，待时机合适再定植。

番茄容易发生侧根，所以定植时要伏地摆放种苗，摘除下位叶，将茎埋在土壤中，就会长出不定根，而且根的量还会变多，这样一来植株也会变得更强壮。

第一花序

番茄植株每个叶腋间都能抽生侧枝，若任其生长，则枝蔓丛生，消耗水分、养分。因此，要有目的地留下1～2条侧枝。一般常用双干整枝和单干整枝。双干整枝需保留主枝和1条强侧枝或2条强侧枝，但单干整枝更加简单。竖立竹竿等支柱，引诱其向上生长，我一般都采用绳子吊蔓管理，等长到顶部时，再进行落蔓整枝，主枝前端就会不停地生长。

落蔓通常会降低生长点，不过如果在下方卷成圈的话，有可能会折断茎。另外，天气炎热时，落蔓可是相当累人的工作。因此，今年我想以将茎部缠绕在竖立竹竿上的方式进行牵引。于1块垄插入2列支柱，倾斜牵引茎的走向，遇到转折处则往对侧旋绕。这么一来，就不用再大热天进行落蔓工作。

可以种出美味甘甜的番茄。将定植苗倾斜摆放栽培，这样可以增加根的数量，植株健康的话，霜降前就能多次采收。

秋 葵

想要大丰收，就要密植

秋葵的果实横切面有五角形和圆形之分，即棱果、圆果。岛秋葵是固定种，特色是体型较大。

秋葵的生生适温稍微高，一般在25～30℃，过早栽种的话会长不大。进入5月后温度升高，直接播种即可。

铺上9415型带孔银黑地膜，株距15厘米，一般在1个播种穴放入4粒种子。左手拿种子，用右手中指压出1厘米的播种穴，然后撒入种子。再用手指覆土，从上轻压。播种后，为了避免被鸟吃掉，要盖上无纺布或防虫网，等待出芽，出芽后即可拆掉。

1个穴长出4株苗后间苗，去掉较弱的1株，1个穴留3株。种植秋葵如果株距较宽，秋葵会长得跟树一样壮，果实也不会长很多。1个穴留下3株苗让其竞争，不但茎不会变粗，反而各节上都会结果。

秋葵会开黄色的花，不过，如果看到漂亮的花朵，就表示果实快变大了。果实生长相当快，如果采收晚了，果实会变硬，无法食用。果实长度长到约10厘米后，即可采收。由于果实会牢牢附着于茎上，没办法用手直接采摘，要利用剪刀才可以。如果采收晚了，就直接用于留种。

果实采收后，要摘除下方的叶子，以促进通风。10月前植株会长到接近2米，可以持续采收。

秋葵容易感染根结线虫病，可与金盏花混植，能够减轻危害。

岛秋葵等固定种，采种后隔年即可种植。当成熟的果实枯萎了，摘取后，放在不会淋到雨的地方挂着，使其充分干燥后，打开果实，可以挤出黑色的圆形种子。

新鲜的秋葵可以生吃。切碎后，有些黏稠，加点柴鱼和酱油，可以拌饭，相当美味，我也喜欢拌入纳豆，非常可口。

青椒

春天开始种植，降霜前都可以采收

青椒在降霜前都可以采收，是收获期较长且较容易栽种。我经常种的青椒品种包括下总2号、Akino。此外，我还种了尖椒。

青椒和茄子一样，育苗期较长，通常在2月中、下旬播种。将地温设定在25℃，在育苗盆撒10粒种子，等待发芽。

发芽后一株一株移植到育苗盆中。我会从植株近根部切断，然后暂时浸泡于稀释500倍的天惠绿汁中，之后插在育苗盆里一周后即会发根，根量会变多，有利于健康生长。慢慢适应常温后，在花朵盛开时定植。

先在耕地堆肥（保证完全腐熟），倒入发酵肥和草木灰，铺银黑地膜。种植于耕地中央，株间距60厘米左右。不要深植，要浅植，根部要露出种植穴约1厘米。竖立长支柱前，先用短木条作支柱，斜插，这样不易倒伏。

在果实暂时不会再长大前采收，有利于延长采收期。采收时，注意第一花序下方长出的侧芽要全部摘除。同时，可以在青椒两侧，以株距30厘米种植迷你莴苣"Manoa"，青椒长大前就可以采收。

可以将园艺支柱交叉设立呈X形（上部开口较大），高度约1.5米，再横着设立其他支架。青椒不需要整枝，放任其生长即可，果实也会在X形的支柱内侧慢慢长出。

如果是温室内，则建议用绳子让其攀爬，若使用绳子牵引茎的走向，可以长到2米左右。生长旺盛的夏季，在走道撒发酵肥追肥，可以使植株

好大的植株！

可以采收到很多美味的青椒喔。

长期收获青椒的秘诀，就在于培育出健康的种苗。

青椒的种苗要浅种。

支架

浅浅的

防虫网

1厘米以上

银黑地膜

迷你莴苣等

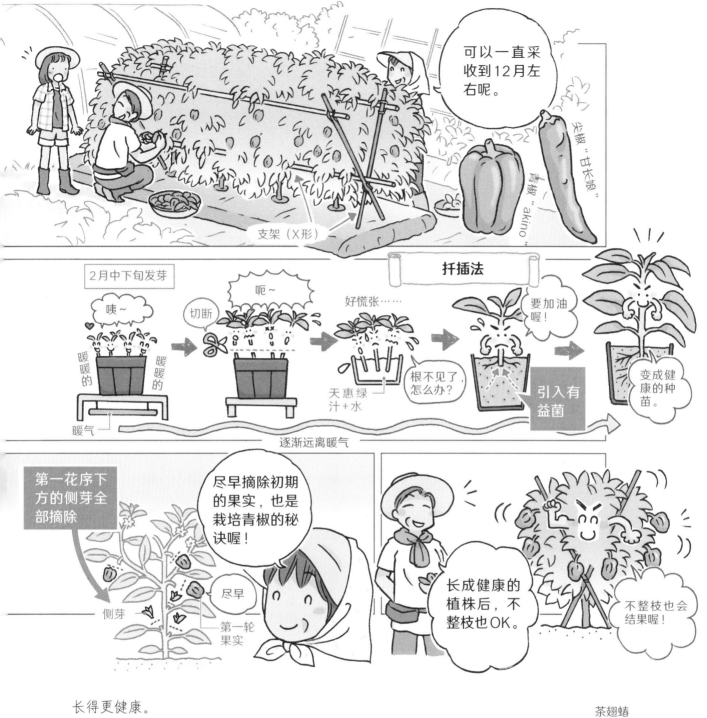

长得更健康。

　　入夏后，会有茶翅蝽出现。经常可在叶子背面看到，亮亮的整齐的卵排列，不注意的话，种群数量就会迅速增加，所以当发现卵或成虫时，都要抓起来装入宝特瓶闷死。在宝特瓶上装漏斗，较容易装入抓到的虫子。

　　如果不采收青椒而使其完熟的话，就会变成红色，吃起来像彩椒，甜甜的十分美味。东京的话，12月降霜前都会结果，采收期较长。东西向的耕地，耕地的北侧会非常阴凉，可以在阴凉处种植姜或襄荷。

尖椒

浅植就会长得好，降霜前能丰收

这几年我都会栽种尖椒，品种是甘长娘。栽种方式和青椒一模一样，所以会和青椒种在一起。甘长娘的果实会向下一个接一个地长出，肉厚味甜，相当美味。

2月中旬播种时，将苗床温度设定为25℃，待真叶长出1.5～2片时，断根扦插。4月中、下旬即定植种苗。在耕地堆肥，倒入适量发酵肥、草木灰或有机石灰等，做宽60～70厘米、高10厘米的垄，铺上银黑地膜。于垄的中央以株距50厘米种植。土壤干了之后，在种植穴中注入稀释500倍的天惠绿汁。

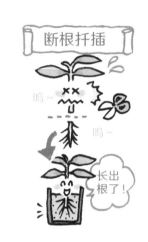

断根扦插

呜～ / 呜～ / 长出根了！

尖椒栽培重点在于浅植。根从要露出地面约2厘米，这么一来，根就会长得好，作物才会更加健壮。

作物扎根前的1～2周，要铺上防虫网，预防害虫、风和霜害。垄的两侧，还可以以株距30厘米，种植莴苣等种苗，在采收尖椒前，就可以收获。

尖椒扎根后，可以竖立支柱，不过预先保留第一花序下方较强的侧枝，摘除其下方的侧芽。也可以倾斜竖立园艺支柱，但是我比较推荐使用绳子作支架。将长度2.4米的园艺支柱插入土中，在高2米的地方，横放园艺支柱，同样在植株10厘米附近横放。横放于下方的支柱，用园艺绑带固定种苗。待长出2～3根侧枝后，缠绕侧枝诱引其走向，并用园艺绑带固定。秋天前，枝条可以长到2米左右，在这期间，请适度疏枝，以利通风。降霜前，可以持续采收。

我虽然将尖椒和青椒种在同一个地方，同时，那里有种有上一年11月播种的胡萝卜，4～5月就可以迎来采收期了。采收胡萝卜的同时，就可以运用同一块垄和防虫网，种植尖椒。防虫网和胡萝卜可以保护尖椒种苗，避免其遭受晚霜侵害。

12月

还可以采收！

不用重新做垄，而是利用免耕栽培，当然，也不需要基肥。为促进生长，可在走道上撒发酵肥，并以厨余液态肥追肥代替浇水。另外，也可以洒稀释500倍的天惠绿汁，制造对有益菌有利的环境，使作物不易生病。

盛夏时，会有螨在叶子背面产卵，发现的话，要立即清除。

尖椒果实长度长到14厘米左右时，即可采收，但是，如果就这样放着，果实会变红，也很美味。

尖椒会迅速结出大量果实，注意不要采收晚了。使用绳子牵引的话，植株可以长得比人还高。

彩椒

完熟费时，但熟成后香甜美味

　　彩椒没有辣味，与青椒和尖椒不同，完熟后才可采收。彩椒的果实大大的，有红色、黄色等，都是鲜艳的颜色，可以用于沙拉或炒菜。

　　由于要使大果实完熟，所以彩椒的产量不像未成熟就可采收的青椒那么多。彩椒含有维生素P，它不仅可以防止维生素C被破坏，而且还可以提升其抗氧化的功效，让维生素C在加热时不易流失。

　　彩椒的收获期大约在8月。近来，五彩的樱桃椒也开始逐渐普及。栽种方式几乎和青椒一样，不过从播种到采收，花费的时间较长。2月中旬时，以约25℃的温床使发芽，移植到育苗盆，培育种苗，定植则要等到没有晚霜的5月上旬较适宜。在耕地里堆肥（保证完全腐熟），倒入发酵肥和草木灰，做高10厘米的垄，如果是露地栽培，铺上银黑地膜较好。我是在防雨屋中栽种，所以不铺银黑地膜，改铺秸秆。

樱桃椒

比彩椒还小

　　种植后，和青椒一样，摘除所有第一花序下的侧芽。此外，还要摘除最初长出的10朵花，这么一来，植株就会进行营养生长，变得更加健康结实。可以竖立园艺支柱，以诱引枝的走向，不过我自己习惯使用绳子当支架。

　　开始结果后，植株会变得很重，一不小心枝就会从根部折断，请务必注意。

　　8月后，果实会开始上色，直到降霜前，都会持续结果。我吃过绿色的果实，不但不甜还很难吃，因此请务必等完熟后再采收。

彩椒的种子

　　前年栽培的彩椒，有黄色的和红色的。其中，黄色的甜度很高，所以我采了种子。完熟彩椒的种子，很容易采种，切开果实后，种子就聚集在果实内部，所以稍加揉搓就可以轻易取下。

　　栽培蔬菜的过程中，看到喜欢的蔬菜，试着留种，于翌年播种，也是一种乐趣。

要将最初开放的10朵花摘除，这样可以促进植株的营养生长。

茄子

夏季修剪，暑期就可以采收了

　　5月初种植的茄子，7月就会开始结果。不过，梅雨季后的盛夏，由于天气炎热，果实会变硬，造成品质变差，产量减少。就这样栽培下去的话，生长状况就会变差。这种时候，请不要勉强采收，就算果实很多，也要让作物休息。

　　该怎么做呢？不如进行夏季的更新修剪吧！将每个枝条的叶子剪到只剩2片，并剪短枝条。要剪掉结有很多果实的枝条，是需要很大的决心的。做与不做，差别会显示在秋季的结果状态上。7月下旬是较合适的修剪时机。

　　修剪后的植株，盛夏会长出新芽，并迅速生长，夏末到秋天，就会开花，并再次结出美味的果实。

　　修剪后，要在走道上撒发酵肥等追肥，可促进新枝的健康生长。另外，如果土壤变干燥，要记得充分浇水。由于根会蔓延到走道，所以浇水范围也要包含走道，效果会加倍喔。

　　比起塑料地膜，铺上秸秆或杂草，地温不易过高，还具有保湿效果，可使作物顺利生长。如此一来，10月底左右，就能采收茄子了。

　　从夏天到秋天，会因台风等而带来大雨，这时要注意排水，因为这种情况易发生青枯病。要注意改善耕地周遭的排水条件，种植时，垄做高一点，就不会有问题。

　　租赁农场经常发生土壤病害蔓延的问题，很难采用实生苗栽培。这种时候如果采用嫁接苗，就不用担心病害。

　　茄子常用的嫁接砧木有Torbamvigor和Tonashimu，对青枯病、黄萎病、立枯病和根结线虫病都有抵抗力，具复合抗病性。即便是病害污染的土壤，也能栽培出健康的茄子，真是令人欣喜。虽然可以自己嫁接，不过如果只是家庭菜园，建议还是花点钱买嫁接苗，比较安心。

嫁接苗

入夏后，果实因为高温而品质变差，请下定决心进行修剪，就可以发出新芽，并在秋季采收美味的茄子了。

美国茄子

超有气势的巨大果实

我还是小学生的时候，有亲戚带来称作"黑美人"的美国茄子，我对于它的体积相当震惊。这是美国品种，有绿色花萼，比一般的茄子大很多呈圆形，而且种子较少，肉质紧实。现在能见到很多改良品种。

我种过的品种包括黑鹜、Dokancho、太郎早生。每一种都很适合用来加热烹调。每年我都会将美国茄子和千两2号等长型茄子一起栽种。美国茄子就算无法种很多，种子老得快，而且发芽时间较长，但因其种子生命力强，数年前的种子也会发芽，所以我每年都会育苗栽种。

长茄子

美国茄子

美国茄子播种时机和其他茄子一样是在2月中旬，苗床温度设定为25℃，播种于育苗盆中。待真叶长出1.5～2片的时候断根，再一株一株插到育苗盆中培育。

发芽后以常规方式育苗即可。种苗叶子和茎的颜色，稍带紫色，整体呈绿色。在耕地中堆肥，放入发酵肥、草木灰或牡蛎壳粉等有机石灰。做宽60厘米、高10厘米的垄，铺银黑地膜。

如果在5月以后定植，为了预防地温过高，可以铺上秸秆。采用浅植的方式定植，根部要露出地面约2厘米。株距适当宽一点，60～70厘米。留下在第一花序下方长出较强壮的侧枝，并摘除侧芽。4月中旬定植的话，作物扎根前，要铺上防虫网，可兼具防霜及防虫的功效。

美国茄子的花呈淡紫色。如果早点采摘下初期结出来的果实，以促进植株更加健壮，就能采收到较大的果实。

虽然可以竖立园艺支柱，不过利用绳子作支架更有利于作物生长。茄子夏天会出现"倦怠期"，果实容易失去光泽，品质下降，所以7月下旬要修剪，使其休养生息。

长茄子的花

美国茄子的花

用发酵肥追肥，秋天前新芽就会生长，并结出品质好又美味的秋季茄子。

接下来介绍一下我的栽种方法：与12月播种的春季白萝卜和小松菜混植，3月初可采收小松菜，4月收获白萝卜。

为了消灭花芽，要用带有换气孔的小拱棚栽培。在小松菜采收之后，就定植美国茄子的种苗。追肥则视生长状况，将发酵肥撒在通道上即可。

茄子需要花时间成长，所以可以在采收两旁的白萝卜后，定植莴苣的种苗，或与菠菜混植，就能有效利用耕地，收获满满。

甜瓜

种在避雨场所才能生长

甜瓜很难在多雨的日本种植，不过，如果是在避雨棚中栽培，就可以种出美味的甜瓜。

我经常种植的甜瓜有3种，包括果面无网状纹路、果肉呈黄色的"Reysol"；果面有网状纹路，熟成后果皮变黄，果肉变绿的"黄美香"；以及与日本的真桑瓜交配而来，果肉为橙色的"Prince PF"，其中的 P 表示抗霜霉病，F 表示抗枯萎病。

在3月中旬育苗，和黄瓜等一样，播种时苗床温度设定为25℃，等真叶长出4～5片，使其慢慢适应室外温度。

如果使其在地上蔓生，种植前要将前端摘芯。摘芯时只要抓住生长点，掐断即可，之后就会长出子蔓，子蔓长出来后，孙蔓上的雌花就会结果。

堆肥时，倒入发酵肥和草木灰，做宽70厘米、高10厘米的垄。并铺上银黑地膜。4月下旬，以株距60厘米左右定植。在藤蔓生长的方向，空出1～2米的空间，铺上防草布，并且架设避雨棚。藤蔓开始生长时，卷须就会抓住麦秆生长。

如果是露地栽培的话，即使没有人工授粉，蜜蜂等授粉昆虫也会做这个工作。如果发现开花前的雌花花蕾，将孙蔓的第二片叶子前端摘芯，就可以使雌花更饱满。最初种植时，会遭到黄守瓜等害虫啃食，要引起注意，发现害虫时，要捉起来放入宝特瓶内闷死。

生长过程中，可以洒上稀释500倍的天惠绿汁，就可以有效抑制霜霉病的发生，促进植株健康生长。如果发现长大的果实，可以在果实下方，铺上塑料垫子，就可以采收连底部都长得很漂亮的果实。

果实成熟期，是在开花后40～45天。判断标准就是，结出果实的枝蔓上的叶子会变黄、枯萎。

采收后，放在常温下2～3天追熟，散发出香气后，于食用前放置冰

黄守瓜

额～

咦？可以在家庭菜园中种甜瓜吗？

诀窍就是尽量铺上较大片的防虫网。

等待花萼自然掉落即可食用。

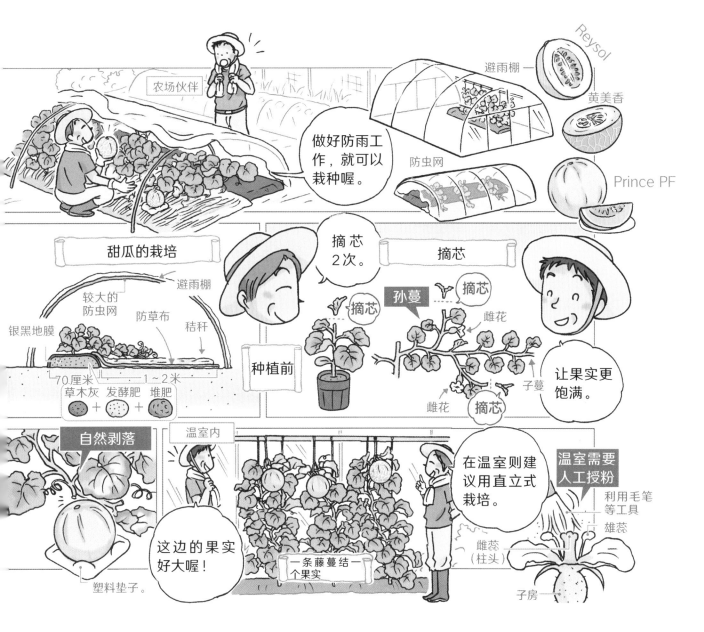

箱，即可享受其美味。

　　如果是室温的直立式栽培，就不用摘芯。利用绳子支架，使母蔓攀爬，让12或13节的雌花结果。切勿贪心，1条藤蔓结1个果实就好。

　　甜瓜的花是两性花，就算没有雄花的花粉也可以利用毛笔等进行人工授粉，使花自身的雌雄花粉混合，并结出果实。一般人工授粉在晴天早上进行。

迷你甜瓜

可代代繁殖，还能吃到儿时的味道

去年6月我从冈山县的朋友那里，收到可以种植数代的迷你甜瓜（又叫蛋香瓜，日文名称：**タマゴウリ**）的种子。但是不知道是不是因为播种太晚，还是因为盛夏炎热，导致植株枯萎而无法收获。今年，改在3月中播种、育苗，并且和其他甜瓜种在一起就获得了成功。

种植迷你甜瓜时，将其母蔓摘芯，使长出侧枝，之后则放任其在秸秆上攀爬，7月中旬开始结果。它结果比其他甜瓜早，果实洁白美丽，比鸡蛋大一圈。

迷你甜瓜成熟后，果实会呈现带有绿色的象牙白，果肉纯白色。迷你甜瓜甜度高，糖度可达15%以上，口感香脆，相当美味，有一种儿时的味道。这样美味的甜瓜，代代繁殖下来，真是令人感动。

如果要采种应先摘取种子部分，然后搓揉使种子剥落，放入装水的杯中，搅拌一下，这么一来，饱满的种子就会沉到底部。除去浮起来的种子和杂质，捞起底部的种子，放置于厨房餐巾纸上，使其风干。干燥后，保存于拉链袋内，来年请务必试着播种。

让我们来说说糖度计吧！以前所用的折射式糖度计，要借外来光源观察，需要温度修正和适度调整，测量的对象也有很多限制。

现在，我使用的数字糖度计，携带轻便且测量准确，几乎什么作物都可以测，真是如获至宝。机型是"ATAGOPen-1st"。装1个4号电池就可以使用。将待测物触碰探头后，按下开关，液晶屏幕上就会显示糖度。不过，在明亮场所则会收到外来光源干扰，可能会产生误差。这种时候，则用手遮住探头周边来挡光，就可以正确测量。这种糖度计测量范围相当广，南瓜或玉米等以前较难测量的作物，现在都只要触碰一下探头，就可以测量，操作非常简单。除了蔬菜之外，水果、果酱及蜂蜜也可以测出，我随时都把它放在腰包中，当作日常工具使用。

只要碰一下就好！

哔！

糖度计

西瓜

普通甜瓜

迷你甜瓜

迷你甜瓜又叫蛋香瓜，是日本原生种，比鸡蛋大一圈，白色果皮相当美丽。果肉薄，脆甜，非常好吃。

西葫芦

如果准时采收，就可以大丰收

西葫芦果实形状像黄瓜，口感像茄子。我经常种植外皮为亮绿色的品种"Black Tosca"和"KZ-2"，金黄色的品种"Aurum"，还有形状像飞蝶的品种"阿拉丁"等。

西葫芦和南瓜一样，3～4月播种。发芽需要适宜温度，苗床温度应控制在25℃。如果是小盆栽育苗，根很快会发生缠绕、老化，所以要移植到直径为12厘米的育苗盆中，使其慢慢适应常温，待真叶长出4～5片后定植。西葫芦非常不耐寒，所以定植时期应在不用担心晚霜侵袭的5月。

在耕地中堆肥，倒入发酵肥和草木灰，做宽70厘米、高10厘米的垄，铺上银黑地膜。枝蔓不会攀爬，但是，植株长得茂盛，所以株距要宽，约1米。

如果在同一块耕地混植其他蔬菜，长势会变差，所以建议不要混植，但可以在种植过其他蔬菜的地方种植西葫芦。

强风来袭的话，枝蔓可能会被吹断，或是整个植株被吹倒，因此，长到一定程度后，竖立1米左右的短支柱，支撑茎部。

西葫芦的花朵很大，会开雄花和雌花。若能引来蜜蜂的话，便不需要人工授粉。但如果没有蜜蜂，就要在晴天早上将雄花的花粉，涂抹在雌花的雌蕊上。

西葫芦

种苗要种在较大的育苗盆里。

直径12厘米的育苗盆

霜霉病病叶和正常带有花纹的叶子不一样。

霜霉病

叶子的花

雌花

雄花

西葫芦生长迅速，开花后用不了几天，就进入收获期了，如果采收晚了，就会长成大果实，这容易导致植株衰弱，之后的收获量就会减少。果实长到长约20厘米时，就依序采收吧！

生长期，在走道上洒厨余液态肥追肥，维持植株良好状况。

西葫芦上发生的害虫种类基本和南瓜相同。如果发现植株上有蚜虫附着，就要适当洒以水、牛奶及肥皂水的混合液做成的自制农药，蚜虫会被药液膜包覆窒息而亡。

初期的黄守瓜会对植株造成巨大伤害，早期一旦发现就应捕捉至宝特瓶。或者将草木灰装入细网袋，撒在叶子上，黄守瓜就不会靠近。西葫芦

也会发生霜霉病，不过只要洒上稀释500倍的天惠绿汁，就可以有效抑制该病发生。

曾有人问过我，西葫芦叶子的白色部分是染上霜霉病了吗？我回答说："那是斑点，不是霉病。"

苦瓜

生长旺盛，可以大丰收

苦瓜在日本又称作"蔓荔枝"，在日本冲绳又被称为Goya。最近，Goya这个叫法在日本也越来越普遍。苦瓜有许多品种，包括果实粗短的"太荔枝"、果皮带点青绿的长白苦瓜"萨摩大长荔枝"，以及白皮的"白玉荔枝"。

我经常种植深绿色、中长型的"维生素C青"，生长旺盛，丰产性好，生长适温20～30℃，耐旱。

由于苦瓜藤蔓生长旺盛，常常用来作天然的植物棚架，是非常有代表性的棚架植物。经常看到有人采用盆栽的方式栽培苦瓜，如果能将其直接种在耕地里，就能更健康地生长。

苦瓜虽然耐旱，但是播种太早的话，会遭受晚霜侵害。几年前，我种的苦瓜就曾经因为晚霜而枯萎。苦瓜的种子被硬皮包裹着，所以要用钳子或指甲刀剪开发芽口，使其顺利发芽。在垄上堆肥，撒入发酵肥和草木灰。只要种1粒种子，就能采收很多果实，如果种很多植株的话，株距要在1米以上。苦瓜容易感染根结线虫病，与万寿菊混植，可有效预防。

如果要让藤蔓攀爬，最好竖立像葡萄架一样的支架，或者用绳子支架牵引走向。7月以后藤蔓开始旺盛生长，所以可以将苦瓜种在南瓜旁边，南瓜采收后，还可以重复使用支架，不需要特别进行摘芯作业，放任其生长即可，藤蔓自然而然就会缠绕住绳子支架。7月下旬开始结果，10月初开始采收。苦瓜会开出雄花和雌花，授粉工作就交给授粉昆虫吧！如果要进行人工授粉，晴天早上要将雄花的花粉，涂抹在雌花上。

果实停止生长后，即可采收。采收晚了的话，外皮就会变黄，甚至会自己开裂并翻转卷曲，使种子外露，呈现一幅奇特的景象。种子周遭的囊也可以食用，散发着一股淡淡的甜味。请在果实变黄前采收吧！

说道苦瓜，就想到有名的一道菜——苦瓜炒鸡蛋。苦瓜富含维生素

雌花

雄花

C，就算以大火翻炒，只要时间不要过长，就不会损坏维生素C等营养成分。

　　如果采收量很多，则去除中心的种子部分，切成半月形，装入塑料袋中冷冻，就可以长期保存。这么一来，冬天也可以吃到苦瓜炒鸡蛋了。

太荔枝

萨摩大长荔枝

白玉荔枝

维他命C青

109

贝贝南瓜

手掌大小，集可爱和美味于一身

我在东京农业大学绿色学院种植贝贝南瓜已经3年了。第一年用通道状的黄瓜支架牵引其生长，第二年改用直立式支架（立体栽培）。今年还打算进行爬地栽培。

1株就可以长出好几个口感清甜、松软绵密的果实，可以说是最适合家庭菜园的迷你南瓜。在果实上切开一个盖，盖上保鲜膜，微波加热5分钟即可食用，相当简便，也很适合用作填充料理的壳。

3月中旬于加热苗床播种育苗。1个育苗盆中撒10粒左右的种子，使其发芽，待真叶长出后，将根切一半并移植。南瓜相较于茄科蔬菜老得较快，如果盆过小，子叶会马上变黄。使用直径较大的12厘米育苗盆比较好。为了避免其徒长，育苗温度控制在10～20℃，即比常规稍低一点的温度健康育苗。

4月下旬至5月上旬即可定植，株距50厘米，不用摘芯。如果是采用立体栽培，倒入腐叶土，每平方米放入300克发酵肥。单边做高约30厘米的垄，为了使斜面不崩塌，要在垄的斜面铺上银黑地膜，同时还可以防止干燥。直立式支架较难铺设防虫防风网，为了防晚霜，可以在种苗上方，从下方支架开始倒挂麦秆。

另外，如果采用爬地栽培，要在扎根前铺设防虫网。待真叶长出5～6片后再摘芯，使子蔓生长。藤蔓生长的方向，要空出3米，并铺上麦秆，藤蔓就会缠绕住麦秆。如果采用直立种植的话，就要牵引藤蔓向上生长。

授粉工作就交给授粉昆虫吧，不过如果要进行人工授粉，要在晴天早上将雄花的花粉，涂抹在雌花的柱头。

爬地栽培的话，果实接触地面的部分会变黄，所以要铺上塑料垫等。生长期，洒上稀释500倍的天惠绿汁，可以预防白粉病。如果是以问荆为原料制作的天惠绿汁，效果加倍。

收获期也会发生白粉病，不过黄瓢虫会吃掉白粉病的菌斑，自然法则还真是有趣。收获期在开花后30天以上，即果梗裂成软木塞状的时候即可收获。

收获后果实不能立即食用，要在常温条件下风干1周，等淀粉转换为糖，口感就会变得更加甘甜。果肉收获时为黄色，风干后则变成橘色。收获后放置1个月左右，就可以享受松软绵密的迷你南瓜啦。

普通南瓜

贝贝南瓜

人工授粉

雄花

雌花

挖空小小的果实，就能享受做填充料理的乐趣。照片是自家做的贝贝南瓜蓝莓果冻。

黄瓜

栽种多个品种，不亦乐乎

黄瓜品种繁多，我经常栽种的品种是四叶黄瓜*"长华2号"，疣状突起较多，一般采收时果实约35厘米。不过就算长到50厘米也不会变黄，种子少且非常美味。此外，它的抗病性还很强。

最近，我也经常栽种无疣状突起、长度约10厘米的小黄瓜"Mini Q"，1节可以长出2～3条果实，外观也很可爱。还种了美味的原生种"半白黄瓜"等。播种使用直径7.5厘米的育苗盆。倒入育苗土，将种子放于育苗盆中央，以手指下压约1厘米深的播种穴，覆土再轻压。

设定育苗床温度为20～25℃，如果是4月育苗，白天不用加温也很暖和，可以出苗。待真叶长出4～5片后，即可定植。5月黄金周时，可以直接播种于耕地。

在耕地堆肥，放入发酵肥、草木灰或有机石灰，做宽70厘米、高10厘米的垄，铺上银黑地膜。种苗的株距约为60厘米。土壤太干燥的话，以漏斗在种植穴浇水后，再定植种苗。

种苗不用种太深，而是采用浅植，微微露出盆栽土表面。扎根后、竖立支架前，要盖上兼具防风、除虫及防霜功能的立体防虫网。种苗尚小的时候，有可能遭受黄守瓜致命的啃食，因此盖上立体防虫网比较安心。

黄瓜也可以爬地栽培，不过一般都会用支架牵引，通常是利园艺支柱搭架，以绳子捆绑，推荐利用更加便捷的黄瓜支架。

黄瓜支架是由两根弯曲的管组成，将其插入土里，用铁片连接2根支柱，形成倒U形。将黄瓜支架两端间隔1米，插入土中后横放上园艺支柱，再固定就完成整体骨架了。

---

* 四叶黄瓜是华北黄瓜的一种，名字源于长出4片叶子就会结出果实，其特点是疣状突起多，刺密，皮薄，口感好，多用于腌渍物。

绳子支架

再利用

通常会在上面铺园艺爬藤网，但其难铺又难收，所以我都会把PP打包带卷成绳子，纵横铺成网状，这样在栽种后，绳子较容易回收，不会变成垃圾，可以重复使用。

缠绕在绳子支架的卷蔓，会边攀爬边生长，开始结果实时，刚开始要在果实还少的时候就摘除，促进植株的生长，同时也要趁早摘除5节以下的侧芽。

同一块耕地，用挖出约30厘米深的种植穴，放入大葱种苗，就可以有效预防黄瓜枯萎病。以问荆为原料制作的天惠绿汁，稀释500倍洒在叶子上，还可以预防黄瓜白粉病。

长华2号黄瓜

果实长长的也不易变老，十分美味

长华2号果皮呈深绿色且有很多疣状突起，长约35厘米（标准的采收尺寸），因为长长的还不会变黄，所以可以吃很久。种子较少，是口感非常棒的黄瓜。由于具有很强的抗白粉病和抗霜霉病的能力，所以很好栽种，从春天到7月都可以播种。比一般的黄瓜侧枝多，种植时株距较宽，约60厘米。

长华2号3月左右就可以播种，但是由于这个时候还很冷，所以要用温床育苗。在直径为12厘米的盆栽，放入约10粒种子，设定苗床温度为25℃。真叶长出后，要将根切半，再移植到育苗盆中。待苗扎根后，调整温度至10～20℃，使其适应户外环境。

黄守瓜

设置防虫网

长华2号从5月黄金周到夏天，均可直接播种，如果担心降霜，可以铺上小拱棚就没有问题。幼苗期易遭受黄守瓜侵袭，会造成很大的损害，请务必注意。

在耕地中放入腐叶土，倒入发酵肥、草木灰或有机石灰，并做垄，铺上银黑地膜，以株距60厘米定植。还可以采用"插管种植法"，种植大葱的种苗，以预防黄瓜枯萎病，并且要摘除5节以下的侧芽。

可以采用组装简便又稳固的黄瓜支架，再挂上绳子支架。制作绳子支架，可以用电动螺丝刀卷绕PP打包带。没有缠绕的打包带容易被风吹得飘来飘去，最后裂开。但缠绕后就可以增加韧度。

长华2号

用园艺绑带，在电动螺丝刀上装上钢夹，就可以顺利缠绕塑料带。缠绕后，就会跟橡皮筋一样，绳子可以拉得长长的。使用绳子的长度要比实际铺挂的时候长2成，这样不易受到风力影响，用上好几年都不会坏。

收获初期，尽量在果实还小的时候采收，以增强植株长势，也利于长期采收。盛夏干燥时，请积极浇水，才能有效维持植株长树势。

四叶黄瓜疣状突起多，口感相当美味，抗病性强，容易栽种，所以非常受欢迎。

大豆

早熟品种的播种期长，容易栽培

大豆有早熟到晚熟各种品种，毛豆就是新鲜的连荚大豆。早熟品种的播种期长，如果在日本关东地区露地栽培，播种期为3月中旬至6月。中熟品种则从5月黄金周前后开始播种，播种太早的话，植株会没有生气，结出来的果实也很差。尤其是晚熟品种这种现象更明显。播种太早的话，只有茎叶长得茂密，而不会结果。

根瘤菌会附着于大豆的根部，固定空气中的氮，所以不用施基肥，只要播种即可。播种时，用三角锄头等挖出播种沟，每隔15厘米，放入2～3粒种子，覆土后用脚踏一踏。真叶长出来前，鸟会飞来吃苗，所以要铺上立体防虫网。

等真叶长出后，进行中耕及除草，撒入适量发酵肥，并在植株根部覆土。这么一来，胚轴也会长出根，植株就会变得更健康。

春天播种的早熟品种，螨类害虫出现前就可以采收了，所以较容易种植。中熟和晚熟品种，夏天才会结果，所以易被螨类害虫危害，刺吸其汁液，导致豆荚无法膨大。因此，必须铺设防虫网。

过去，最早也要等到3月中旬，才可以进行小拱棚栽培，2014年挑战了早熟品种1月播种。在新潟（xì）县弥彦村，1月于温室中的立体防虫网中播种了大豆，并以"弥彦娘"这个品牌在东京市场推出。该品种是早生香姬，极早熟的奥原系。

1月26日在温度设定为25℃的苗床上盆栽播种育苗。播种后顺利发芽，2月7日子叶打开，将其一株一株定植到避雨棚的防虫网中。防虫网中除了有白萝卜外，还混植了菠菜和小松菜，就在中央间隔30厘米定植大豆。温室内的最低温度经常低于冰点，但是还好温室没因为大雪而坍塌，防虫网内的大豆生长迅速，大概5月就可以采收了。

4月，计划在同一块耕地上，种植自家采种的番茄种苗，进行免耕连续栽培。

相较于直接播种，大豆比较适合育苗栽培，这样才能健康生长，结出好的果实。可以在直径6厘米的育苗盆里，放1粒种子，或者在直径12厘米的育苗盆里撒约20粒种子后，子叶打开后再定植。

不需要基肥！

我是根瘤菌。

啾～ 啾～

温室

防虫网

成长迅速

由于早熟大豆可以较早播种，依序播种的话，就可以享受长期收获的快乐。

117

黑豆

10月采收的大粒黑豆品质佳

到目前为止，我栽种的黑豆均为大黑，但总是失败。今年还要继续挑战，这次一定要成功。这种丹波系的黑豆，可以作为新年专用黑豆。如果趁还没成熟时采收，就可以品尝到美味的黑毛豆。

不过，大黑比普通大豆的茎叶茂密，较不易结果。而且，在炎热夏天到秋天时栽培，容易遭受害虫啃食。就算开花了，豆荚也会被蝽类害虫刺吸汁液，果荚会变得干瘪，播种必须在夏至以后的短日照条件下进行。

在东京农业大学绿色学院，2012年黑豆受圆蝽危害，导致全部阵亡，由于是无化学农药栽培，所以采用了人工捕捉圆蝽，但为时已晚。茎叶旺盛，根上也附着了根瘤菌，对育土还算有帮助。

育苗采用的是，岩泽信夫先生的"摘芯断根育苗法"。在育苗箱放入1厘米土，将种子排好，铺上寒冷纱，覆土3厘米，再浇足水。放在阳光下，数日后，从育苗箱下方长出根后，将覆土连同寒冷纱一起清除。如果是晴天1天浇1次水，阴天则2天浇1次水。

今年一定要成功！

子叶展开后，断根，摘芯，再将幼苗插在育苗土中。之后幼苗就会从胚轴长出强壮的根，并开始生长。这样种植后不会出现徒长现象，施肥还能提升产量。

株距30厘米种植2株苗，铺上防虫网驱除害蝽，到了8月时，种苗高度快碰到防虫网，空间变得拥挤。

之后我把防虫网改大了，但是几乎没有收获，连续失败的结果让我很失望，就想放弃了。不过，温室内以50厘米株距种植的1行采种专用黑豆，有结果实，所以采种后我又觉得好像有希望了。

嘻嘻……

圆蝽

所以今年计划利用玉米专用的大网，在2块耕地上，以株距50厘米，采取摘芯断根育苗法，并以免耕栽培法种植。

今年10月一定可以吃到美味的毛豆吧。想采收黑豆，要等到11～12月植株完全枯萎，豆荚放置2周干燥后，再进行脱粒。

晚夏到初秋的开花时期，害蝽会吸食嫩豆荚的汁液，从而使豆荚无法长大，请务必注意。

玉米

授粉后摘除雄花可有效防虫

玉米螟

幼虫

阳光巧克力

尽管租赁农场很小，但是我每年都会栽培玉米。一般3月15日催芽，等发芽后就可以开始播种。因为日本3月的天气还有点冷，发芽的速度会有点慢。所以今年改在3月2日在直径12厘米的育苗盆上播下30粒种子，放置在温床上催芽后，于3月16日在田里种下两列玉米苗。

定植时，玉米苗大约是10厘米高。选的品种是甜味浓厚，生吃也美味的"阳光巧克力"。在玉米之间另外种了2个月即可采收的迷你莴苣"马诺亚"、外侧则混合种了上海青"青帝"，同时铺没了U形支架。

接下来不需再间苗，玉米很快就会长高，4月26日玉米的高度已经超过防虫网的支架了。5月11日开始抽雄花。5月20日，雄花上爬满了黑色蚜虫，还爬了很多蚂蚁。再仔细看，还有很多瓢虫，而且有几对正在交尾。5月24日，瓢虫越来越多，玉米叶上到处可以看到橙色的瓢虫卵。瓢虫身上粘满了玉米的花粉。

玉米的雌花会比雄花晚出现。因为玉米是经风授粉，家庭菜园的话一般采用人工授粉会比较有效，直接摘下雄花给雌花授粉就好。

5月27日进行了第一次授粉。瓢虫卵孵化了很多的幼虫，不断地吃着蚜虫。瓢虫的幼虫比成虫能吃更多的蚜虫。很快蚜虫就被全部消灭。

危害玉米的害虫还有一种钻蛀害虫，叫作玉米螟。它可以钻到玉米的茎干，甚至钻到玉米穗里，十分麻烦。它们常从雄花开始危害植株，所以建议授粉结束后把不再需要的雄花全部摘除。一方面可以防止玉米螟的入侵，另一方面也可以降低倒伏概率。

阳光巧克力大约授粉后23天就会进入收获期。过去直接播种，收获期会延长到7月左右，移植栽培的话可提早两周收获。

在东京农业大学绿色学院里，虽然也尝试玉米的移植栽培，不过失败了。虽然很谨慎地用直径7.5厘米的育苗盆，但是苗长到20厘米才定植。回想起来，应该是没有抓好定植的时间点所以失败了。

与生产上大面积栽培不同，玉米在家庭菜园中都是小面积栽培，采用人工授粉比较有效。

121

蚕豆

新鲜没话说，享受初夏的美味

5～6月可以采收露地栽培的蚕豆，播种期一般在10月，我种植的品种是House陵西。

如果是寒冷地区，3月要在温室播种育苗；而温暖地区的话，从夏天至秋天皆可播种。

夏天播种时，先将催芽后的种子冷藏，经春化处理后播种，且采取可长期采收的栽培方法，冬天才推向市场。

在耕地全熟堆肥，撒上发酵肥和草木灰，做宽70厘米、高10厘米的垄。在中央种1列，播种穴间隔30厘米，一穴一粒种子。

将蚕豆种子种脐（黑线）朝下摆放，插入土里，只要底部露出土壤表面即可。土壤湿润的话，则不必浇水。发芽口在种子黑线的对面，根往下、叶往上长。如果在育苗盆中播种，可以补种。

蚜虫
螳螂

由于蚕豆耐寒性强，发芽后只要没有生长过旺，就可以顺利过冬。严冬期利用竹子等防寒。过了春分，就会急速生长，慢慢开出中心为紫黑色的白色花朵。

如果没有铺银黑地膜，容易杂草丛生，需进行中耕除草，覆土，并洒上稀释的厨余液态肥和天惠绿汁。

没有盖防虫网的话，4月中旬开始，一般会有蚜虫集中附着在生长点。不要摘除这个部分，将前端部分浸入装水的桶里，用手指将蚜虫拨入桶内即可。这么一来，蚜虫的数量减少后，其他的除虫工作，就交给瓢虫和螳螂吧。花期结束后，豆荚会朝天生长，随着豆荚逐渐成熟会慢慢朝下生长。有人说叫蚕豆是因为它是养殖蚕的饲料，同时形状又很像蚕宝宝。

5月下旬，里面的豆子会鼓起，外观一看就知道。当下部豆荚变黑，上部豆荚呈墨绿色，叶片枯黄时，即可采收。采收后尽量趁新鲜食用吧！

豌豆

圆圆的豆荚，口感超赞

种植籽粒大且整个豆荚都可以吃的甜脆豌豆吧！这种豌豆采收期不紧张，可以慢慢等籽粒膨胀起来再采收，这点真不错。

我栽种的品种是二村沙拉甜脆豌豆，这个品种是攀爬生长，如果是一般露地栽培，藤蔓可以长到约1.5米。二村沙拉甜脆豌豆是从第七节的低节位长出果实，几乎不会分枝，所以可以采用超密植栽培。其播种期为10～11月，如果是降雪较多的寒冷地区，则在春天播种。在耕地全熟堆肥，倒入发酵肥和草木灰，做宽70厘米、高10厘米的垄，在垄中央挖1行2～3厘米深的播种沟，在播种沟每隔3厘米放入1粒种子。以锄头的背面覆土、镇压。土壤够湿润的话，就不用浇水。

在预定栽种的地方，如果还在栽种其他蔬菜，就先采用盆栽育苗。将育苗土放入直径9厘米的育苗盆中，再放入5粒种子，发芽前要浇水。当根从盆底长出后，不必间苗，直接以株距15厘米定植即可。

二村沙拉甜脆豌豆

剖面图

过冬时，用有叶的竹子防寒，可以减少寒冷对种苗造成的伤害。也可以采用覆盖寒冷纱等防寒。3月后，洒上稀释的厨余液态肥和天惠绿汁。进入樱花开花季时，豌豆植株就会快速生长，开花。在植株前面竖立支架，支架的高度为150厘米。用园艺支柱搭建支架，竖立2根，上方以横放1根固定，再横设绳子。随着生长，植株会横向发展，两侧用绳子支撑，避免藤蔓垂落。

二村沙拉甜脆豌豆的花朵是白色的，相较于普通豌豆的红、粉花朵，看起来洁净质朴。开始采收普通豌豆时，甜脆豌豆还没进入收获期。要等到籽粒完全鼓起后再采收。

快进入收获期时，会有潜叶蝇或白粉病发生。为避免潜叶蝇产卵，要铺上无纺布，同时利用问荆制成的天惠绿汁来预防，可以有效抑制白粉病的发生。

用热水焯一下豆荚，就可以品尝到爽脆的口感，蘸上美乃滋吃，味道超棒。

四季豆

蔓生四季豆收获期很长，超级美味

四季豆不止春天可以播种，夏天也可以。四季豆分有蔓生种及矮生变种两种，蔓生四季豆可以长期收获。

我推荐的品种是惊奇巨人，令人不禁联想到杰克与豌豆的故事。惊奇巨人是早熟品种，豆荚大，长度约25厘米，口感软嫩，相当美味。

春天在4月上、中旬播种，夏天前可以采收。夏天则在8月播种，黄瓜的栽种快结束又还没结束的时候，可利用同样的支架栽种，10～11月即可采收。如果是在黄瓜采收之后栽种，则不需要施肥，直接在黄瓜的植株根部，用手指压下2～3厘米深，放上各3粒种子，播种间隔约30厘米。之后藤蔓则会缠绕在黄瓜的支架上。这样种植不需间苗。台风来袭的话，叶子容易被吹掉，所以要用防虫网和无纺布来保护。

如果不是在黄瓜采收之后栽种，则要在耕地里撒上发酵肥，用三角锄头挖出播种沟。在播种沟中，每间隔30厘米放入3粒种子，用脚在土上踏一踏。发芽前，铺上防虫网等，防止鸟类等侵袭。

藤蔓开始生长后，要架设支架。在土里插入2米以上的园艺支柱，上下各横放一根，固定之后，用作绳子支架，纵横交错成孔径20厘米棋盘网。四季豆的藤蔓也很适合用绳子支架。台风季节过后，10月中旬时，就可以依序采收豆荚。直接拔豆荚的话，会伤到藤蔓，所以要一手抓住豆荚顶端，一手扶着长出豆荚的根部掐断，也可以用剪刀采收。

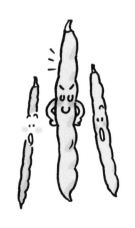

忘记采收的话，荚壁会变硬，品质会变差，所以请尽早采收。

四季豆可以自家采种。豆荚成熟至枯萎变褐，里面的种子就可以留种用了。

四季豆不仅春天可以播种，8月中旬也可以。如果没有台风，10 ~ 11月即可采收。

大蒜

种植蒜瓣，翌年就可有成倍收获

日本产的大蒜售价出乎意外地高。自己栽种比较便宜，而且干燥保存的话使用很方便。

日本有名的品种是"白六片"，一头就有一个手掌大小的"巨人蒜"，以及温暖地区会栽种的"上海早生"等。9月中旬是播种时期。

在田块全熟堆肥，倒入发酵肥和草木灰，做10厘米高的垄。铺上银黑地膜可以抑制杂草，不铺也可以。

1头蒜是由数瓣鳞芽组成（即蒜瓣）。1个播种穴种植1个蒜瓣，种植的深度约为蒜瓣的3倍。注意不要上下颠倒，尖的那一头朝上。如果没有铺银黑地膜，则间隔15～20厘米种植。

待鳞芽分蘖后，拔掉较小的那一根。为了避免全部拔起，所以要压着留下的那株苗的根部。

如果没有铺银黑地膜，要经常除草。用三角锄头于植株间中耕，即可除草。种植当年除草1次，翌年2～3月再除1次。用发酵肥和厨余液态肥追肥。由于大蒜抗寒，所以即使冬天叶子有些许枯萎，也还是很健康的。春天时，叶子就会慢慢长出，不用担心。

到了翌年5月，叶子会旺盛生长。这个时候会抽薹，花茎开始生长，放置不管的话，就会开花。为了使大蒜鳞茎长胖，要早早摘除花蕾。摘除下来的花蕾，可以炒菜。5月底到6月，大蒜下部叶子开始变黄、枯萎时，就是采收的信号。手握近地面的根颈部，将整株拔起，即可轻松采收。收获后，留下20～30厘米的茎，切掉叶子，再去掉一层蒜皮即可。将数头蒜绑成一束，挂在通风且不会淋雨的阴凉地方干燥。

干燥完成的蒜头，可以保存一整年，还可以当作翌年用的种瓣，所以只要栽种一次，就不用再购买，非常划算。

花生

水煮花生味道特别好

花生在花期结束后，大批果针伸长、入土，荚果迅速形成、膨大。花凋谢的时候，即是荚果生长的时候，所以又叫落花生，真是一种有趣的植物。地面上的大豆等作物，会被蝽类害虫吸取汁液，而花生在土壤中就不会被害。

我常种的品种包括千叶半立、乡之香和中手丰等。我尤其推荐大粒品种"大胜"，很适合水煮来吃。

栽种方法意外的简单。撒上发酵肥和草木灰，做垄，在中央1行间隔30厘米种植。气温较高的5月，可以直接播种或者盆栽育苗后再定植。

用手指将种子压入土中2～3厘米后覆土、镇压。为了不让周遭长杂草，要经常中耕除草。花生植株会开出黄色的花朵，然后其果针伸长、入土。

植株生长过程中如果非常干燥，要洒上稀释的天惠绿汁和厨余液态肥，就会长得健康。

9月底至霜降前这段时间，可以在想采收的时候随时采收。采收时，用耙子等翻起土，再将植株整棵拔起，就可以看到很多花生从土壤中跑出。

趁新鲜时食用花生，就可以品尝到花生独特的风味，相当美味。收获后，放入水中，仔细清洗。水3升的话，加入盐90克。沸腾后，连壳放入花生，煮30～40分钟即可。剥皮后趁热享受花生的美味吧！吃不完的话，冷冻保存即可。

一般来说，收获后应立刻干燥。将整棵植株拔起，倒挂放置，风干7～10天。之后取下豆荚，放在通风良好处，铺在垫子上使其干燥。

拿起豆荚摇一摇，沙沙作响，就表示干燥完成了。我的部分花生就这样储存，当做翌年的种子使用。

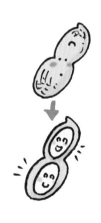

种植专业户会用大型机械连壳一起炒花生，不过，对家庭而言很难这样做，所以，要先从豆荚剥出花生仁再炒。用平底锅或炒菜锅，锅预热后，放入盐，放入花生仁，以小火充分搅拌约20分钟，花生皮有点变黑时，香气十足的炒花生就完成了。除去湿气后装入容器，就可以一直享受美味的花生。

大胜的籽粒很大，是针对水煮花生开发的品种。

131

草莓

促成栽培从冬天就可持续收获

现在，草莓常被当作冬季水果，然而其原本的收获季节是在5月。如果是露地栽培，10月种植种苗过冬，翌年春天就会开花，5月即可收获。

市售种苗，价格较高。建议先将买好的种苗，当作母株来育苗。草莓采用匍匐茎繁殖易感染病毒，导致生长恶化，产量减少。因此，种苗要选无病毒种苗。

母株发生匍匐茎，培土于蔓节，使新苗扎根，不过要取第2节以后的种苗来种植。在耕地全熟堆肥，撒入发酵肥和草木灰，做宽60～70厘米的垄，不需铺银黑地膜。种苗以株距25厘米定植，定植时将匍匐茎的切口摆向内部，花就会开在垄的外侧。

11月中旬草莓植株会进入休眠，叶子看起来像在地面上睡着一样。草莓将以这样的状态过冬，翌年3月后将旧叶子从根部切下，同时在这期间追施发酵肥，铺上银黑地膜。在植株的位置上，插入竹筷等作记号。在地膜上打孔，将草莓的叶子拨出膜外。如果不铺银黑地膜，则要用麦秆覆盖地面。

4月草莓开花后，蜜蜂等会来授粉，5月果实会转红、成熟。成熟的草莓淋到雨就会受伤，所以要设立避雨棚。另外，鸟类也会来啄食，所以要盖上防鸟网，才能收获美味的草莓。

露地栽培的话，5月结果后，生长点就会变成匍匐茎，之后逐渐进入休眠期，无法持续采收果实，不过，冬天如果在温室等，温度没有降到10℃以下，12月就可以持续采收。

草莓本来是11月中旬会进入休眠，温度太高的话，无法休眠，就会连续生长，开花结果，这就是促成栽培。冬天出现在市面上的草莓，就是采用促成栽培的方法培育的。

如果没有蜜蜂等昆虫授粉，就必须进行人工授粉。但是，从几年前开始，在租赁农场菊花开花时，我就会捕捉野生的食蚜蝇，放置于温室内，这么一来，春天前就可以帮忙授粉。盆栽的话，放置在房间窗边并适当管理夜温，就可以进行促成栽培。请试着栽培，非常有趣！

草莓的收获期原本是在5月，不过现在变成冬天的代表水果。如果有加温设备，从冬天到翌年春天都可以收获美味的草莓。

香菇

树干打孔植入菌种，两年后收获

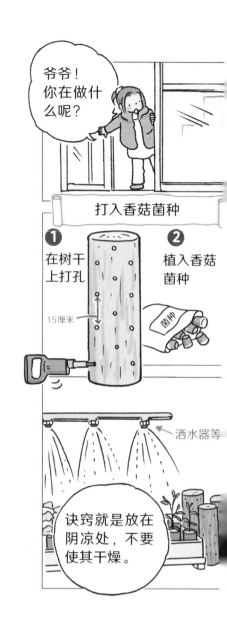

爷爷！你在做什么呢？

打入香菇菌种

❶ 在树干上打孔

15厘米

❷ 植入香菇菌种

菌种

洒水器等

诀窍就是放在阴凉处，不要使其干燥。

以前庭院里种有超过12米高的麻栎，它是我学生时期，用捡来的麻栎果撒在地上长出来的。麻栎每年都会冒出新芽，秋天会结很多果，叶子还会转红，能让人充分感受到四季变化。落叶时，到处飞散，有些堆积在排水孔中，给附近的居民造成了困扰，所以我便决定把它砍掉。

我一人用手锯进行砍树，花了近一个小时，分割树干等后续作业又花了不少时间。这棵树根部宽度30厘米，年轮数为29。

燃烧树枝制成草木灰，粗的树干可以打孔，植入香菇菌种。香菇分有菌床栽培和树干栽培，麻栎树干非常适合用来植入菌种。

我很快就买了香菇的菌种，用电钻打孔，并以铁锤敲打植入菌种。树干打孔间隔约15厘米，然后将其放在阴凉处，干燥的话就浇水。两年后，春秋多雨时期，就会长出一朵朵可爱的香菇了。

刚开始，麻栎树干上会出现裂缝，可以看到小小的香菇冒出头。温度升高时，香菇也会慢慢长大膨起，令人超级感动。

如果采收晚了，香菇菌盖会长到直径十数厘米，加点酱油煮也很好吃。如果产量很大，就放在阳光下风干，做成香菇干保存。树干腐朽前，香菇可以长很多年。偶尔将树干颠倒放置，可以刺激菌种长出更多香菇喔。

我有好一阵子没种香菇了，但3年前我又意外获得了麻栎的树干，就立刻到园艺店买了菌种，并在春天打入。放在蓝莓园育苗温室的洒水器下养护，也许是因为环境条件很好，隔年秋天，就长出香菇了。

不过，冬天香菇长得较慢，这时将香菇用塑料袋罩住，可以加快其生长，这是我从电视上学来的方法。蛞蝓会来吃香菇，发现蛞蝓的话，要抓起来装入宝特瓶闷死。

姜

体积硕大，采种用储藏在土穴里

11月采收又大又胖的姜，是一件令人欣喜的事。在东京农业大学绿色学院，我成功栽种了2年。不过，姜种的数量并不多，大多拿来分享给大家食用，我种品种是土佐大生姜。

5月初种植姜，不发芽，需约一个半月。去年种姜的同时，混植了小松菜。不过，打算今年改在种植花椰菜的地方种植。

花椰菜在2月中旬播种育苗，3月底定植。耕地中倒入腐叶土，每平方米约加入300克发酵肥，做宽60厘米、高10厘米的垄。不需铺银黑地膜。

5月初，在花椰菜的根部附近种植土佐大生姜。

买了1.5千克的姜种，分成20等分。6平方米的垄上，间隔30厘米播种，种植深度约10厘米。采收花椰菜的时候，即可发出姜芽。

采收花椰菜剩余的尾菜，可以放在走道上风化。

种姜需要中耕、覆土，并铺上麦秆。以发酵肥追肥，促进生长。在南侧的垄上进行青椒的连作，夏天以后就会长到约2米，刚好当作姜的天然遮阳伞。

土佐大生姜

地下的姜球会不断分枝膨大，新生的子姜的芽会长出地面，可以通过地上生长情况掌握地面下的状态。植株干燥时，要及时浇水，使其健康成长。生长期间，要洒稀释500倍的天惠绿汁，制造有利于有益菌的环境，并适当用发酵肥追肥。

等叶子变黄、枯萎前再采收，东京农业大学绿色学院种的姜大约于11月初的收获祭时采收。我会留一部分作为姜种，储存于土穴中，翌年使用。现在的土穴，是将防水的水泥板做成高90厘米的无底箱子，埋在土里，上面盖上盖子。里面湿气高，寒冬期还可以适度保温，所以除了姜之外，冬天也可以用来储存芋头、山药或菊薯。

留种时，不用清洗姜球，直接以粘附泥土的状态，放入网袋，储存于土穴。

土穴的剖面

盖子

水泥板

保存箱

姜种

姜出芽需1个月以上，也可以在温室使其发芽后再种植。

甘薯

不能过度施肥，控制氮肥使用

种子不会遭受病毒侵袭，但无性繁殖如草莓的营养繁殖等，感染病毒的概率很高。如果感染复合病毒，生长状况就会变差，产量也会减少。解决这个问题的生物技术，就是茎尖培养。茎尖培养利用了病毒未抵达生长点这一原理，分离包含生长点以下3毫米以下的组织，以无菌的培养基培养，就可以培育出无病毒植株。市面上有售卖，草莓和甘薯的无毒种苗。

我的农场旁边，有农家每年都种植甘薯。3月开始制作大型育苗床，埋入种薯并盖上大面积的防虫网，使其发芽、出苗，收获后再出货到卖场。

每年在东京农业大学绿色学院，会买"红东"甘薯苗，利用竹篱笆当支柱实施立体栽培。学生们则希望能栽种"安纳芋"。去年我就种了安纳芋，它刚好春天发了红色的芽，所以3月就将之埋入土里，放置在温度25℃的温室育苗床上，4月下旬长出很多藤蔓，今年就拿来种植了。

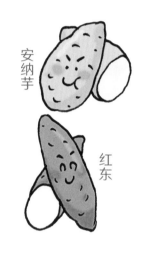

安纳芋

红东

甘薯若肥料过多，尤其是氮过多的话，藤蔓会过度生长，且不会长出甘薯，采取无肥料种植较安心。做高30厘米的垄，铺银黑地膜，土壤较不易干燥，还可以防杂草。夏天藤蔓生长旺盛，所以要在藤蔓的生长范围内，铺上防草布。如果不铺防草布，从藤蔓长出来的根会伸入土里，所以必须时常整蔓。除此之外，不需特别进行其他工作。

在东京农业大学绿色学院，竹篱笆上还与南瓜和黄瓜混植，南瓜收获后，就可以牵引甘薯的藤蔓往竹篱笆上走。

种植株距通常是30厘米，不过我种的甘薯有长太大的倾向，所以今年将株距改成20厘米，10月即可收获。

甘薯和南瓜一样，如果不立刻食用，而以常温风干，淀粉就会转化成糖，甜味增加。保存于屋内或埋入土里等，就可以储存到翌年春天。

无病毒！

分生苗

在甘薯藤蔓生长的地方，铺上防草布，就不用整蔓，可放任其生长直至收获。

芋头

反向栽培，收获量大增

如果给予蔬菜适当压力，收获量就会增加，马铃薯的反向栽培就是一个例子，芋头也可采用反向栽培。

为了调查在东京农业大学绿色学院反向栽培的效果，进行了芋头反向栽培和普通栽培的比较。试验结果显示，反向栽培的收获量比普通栽培高1.5倍。

我种的品种是多子多孙。从品种名字就能感觉出，该品种可以采收到很多芋头。

我最近很少做新垄。冬季想种些什么，大多也是用旧垄直接连续栽培。以前，我都是在黑麦收获之后种植芋头，芋头收获后再播种黑麦，重复这样的循环模式。不过，如果是旱年，无法保证浇水，芋头的产量就会剧减。

芋头喜水，我在浇水便利的地方种植洋葱，收获前在垄的中央反向栽培芋头。洋葱收获期结束后，拆掉银黑地膜，覆土并撒上发酵肥，干燥的话就浇水，秋天就可以采收很多芋头。

进入洋葱和蒜的收获期后，芋头就会出芽。在耕地上储存放置到2月的白菜收获后，撒发酵肥，不用铺银黑地膜，在垄的中央反向栽培芋头，并在垄的两侧混植西兰花和卷心菜种苗。

埋至种芋2倍的深度。

芋头发芽时，卷心菜和西兰花的收获也差不多告一段落。普通栽培的深度为芋头的3倍，不过如果是反向栽培，由于芽的位置在下方，所以种植深度为芋头的2倍深即可。

芋头的收获期从10月底到11月，大约降霜前后，叶子变黑的时候即可采收。也可以就这样放在耕地中。我会吃掉子芋，用母芋储藏在土穴中当作种薯。子芋也可以作为种薯，不过母芋比较大，储藏养分更多，收获量更大。

去年在东京农业大学绿色学院，种植芋头前，垄上没有栽种任何作物。由于这样很浪费，所以今年3月种植了西兰花、水菜和乌塌菜，并于同一个地方再种植芋头，这样可以有效利用耕地。

反向栽种 1.5倍！

芋头喜欢水。盛夏炎热，如果没降水就要积极浇水，秋天才能大丰收。

金芝麻

适合在春、秋季蔬菜空档期种植

芝麻有白芝麻、黑芝麻和金芝麻等。我长期栽种金芝麻。5～6月播种，盛夏就会快速生长，开出漂亮的粉色花朵。而且可在种植秋季蔬菜前采收。

从5月起，即卷心菜、西兰花、花椰菜等春季蔬菜采收结束后，可以当作后茬作物栽种，因此可有效利用耕地。春季蔬菜收获后，直接以点播进行免耕连续栽培。

如果要重新整地，就要堆肥，撒入发酵肥后耕地，不用铺银黑地膜，以三角锄头挖出Ｖ形沟，采用条播，行间距离约45厘米。

出芽后需间苗，间苗后株距为20厘米。由于金芝麻苗期会遭到地老虎啃食，所以要循序渐进地间苗，忌一次性间苗。

中耕时顺带除几次草，撒上发酵肥，于植株根部覆土，就能健康生长。8月下旬，将金芝麻植株持续生长的先端摘芯，使果实生长饱满。在东京农业大学绿色学院，第一年发生了大量的地老虎虫害，地块缺苗断垄，惨不忍睹。吸取那次教训后，我们做了一块金芝麻专用的育苗圃，采用边育苗边移植的方法。

嘻嘻嘻

地老虎

啃断！

金芝麻比想象中强韧，很耐移植。5月播种金芝麻，6月初就可以进行间苗。建议将其在马铃薯收获后定植。

金芝麻植株上方的所有节几乎都结果，豆荚出现裂缝时，就是收获适期。将带豆荚的茎放在不会淋到雨、通风良好的地方摆放，盖上防虫网，放置2周以上使其干燥。干燥后，将茎部倒放，豆荚就会掉出种子，接着用孔径2毫米的筛子过筛，就可以过滤掉较大的垃圾，留下金芝麻和小渣屑，再把小渣屑和金芝麻放入平底容器中，吹走小渣屑，这样就完成收获了。

豆荚横切面

脱粒

不管食用还是作为翌年的种子，都要放入瓶内或拉链袋中保存。金芝麻不易变质，可以保存数年。炒过后研磨，会散发出迷人香气，家庭菜园种出的金芝麻更美味。

采收后的金芝麻，可以直接长期保存。炒一炒会散发出迷人的香气，相当美味。

菊薯

采收不费事，食用方法多样

菊薯又叫雪莲果，它看起来像白色甘薯，是原产于安第斯山脉的菊科作物。在日本栽培的历史较短，20世纪80年代中期才从新西兰引进。菊薯内部为白色，可以生吃。肉质甘甜，口感特别，吃起来像梨子般爽脆，且富含低聚果糖、多酚和食物纤维等，是很受注目的健康蔬菜。菊薯的储藏根像芋头，但不会像甘薯一样出芽。根颈处有圆形的芽，如果很多的话可以分割后种植，就会长出新的储藏根。

菊薯不需要太多肥料。在耕地全熟堆肥，撒入适当发酵肥和草木灰，不铺银黑地膜也没关系。

4～5月时，在垄中央间隔数十厘米种植菊薯的种芽。由于芽不会立马生长，所以可以和叶菜或黄豆等混植，以有效利用耕地。叶菜等全部采收后，菊薯就开始生长，夏天到秋天会成长速度很快。

在东京农业大学绿色学院栽种时，高度长约1.5米。由于是东西向的垄，所以种在北侧的作物生长状况会恶化，如果是南北向的垄则不会出现以上问题。

菊薯生长中，要给植株根部中耕、除草和覆土，但不用太复杂的管理作业，也几乎不用担心病虫害，植株就会健康成长。菊薯耐旱，分枝多，长势旺，会迅速地横向生长。

叶子表面很像覆了一层丝绒，触感很特别。菊薯会开出向日葵般的黄色花朵，去年花一直维持在花蕾的状态，直到12月寒流来袭，导致叶子变黑，然后就采收了，所以无缘看到花开。整棵植株拔起，就可以看到很多长在地下的菊薯。

菊薯的花

菊薯的叶子

东京农业大学绿色学院

这是菊薯吗？

种在垄上。

4～

9月

噔～噔

长得这么茂盛？

奄奄一息

东西向的垄，就要留意北边

菊薯根部没有芽，所以根部可以食用。但根颈处附着很多隔年的芽，如果将之保存于土穴，春天就可以再种植。

当然，如果将根部保存在土穴，就可以过冬储藏。收获后的茎叶，可以放在走道上使其风化，归还至耕地。

菊薯的食用方法有很多种，可以做沙拉、天妇罗、腌渍物或果酱等。实际品尝后，觉得金平菊薯丝很美味。生的菊薯放入酸奶后，发现菊薯的低聚果糖和酸奶的双歧杆菌很搭，而且还有润肠功效。

黑麦　根会深耕，麦秆可做麦秆席

黑麦和大豆都是很好的育土作物。黑麦地上部分可以长到2米，地下的根也一样可以长到约2米，协助深耕土壤。每年取种的话，就可以持续栽培。

播种适期是11月上、中旬。先摘取前一年栽种的黑麦穗并脱壳。将麦穗用木支架晾晒、干燥后取种。不过，要一气呵成完成这项工作，需要有耐心。

播种的地方不需施肥，以三角锄头挖出播种沟，在沟底散播种子，以锄头背面覆土、镇压。一周后，就会发出红色的芽，之后芽会变成绿色。1年踏麦1次，翌年2月前再踏一次。透过踏麦可以使根生长良好，预防霜害，促进分蘖。

过了春分后，黑麦就会快速生长。5月前适量收割，可用于制作麦秆席。不马上使用的话，就要在出穗前收割，放在不会淋到雨的地方倒挂，使之干燥，就可以用其做麦秆席。

踏麦

麦秆席还可以取代果菜类的银黑地膜，更有利于抑制盛夏的地温上升。西瓜和南瓜的爬地栽培中，往藤蔓生长方向铺上麦秆的话，作物就会缠绕在麦秆迅速生长。

播种用的话，直接让黑麦出穗、结实即可。结实时，可以长到约2米高。当麦穗垂下后，从麦穗下方30厘米处切下，并绑成一束，放在不会淋到雨的地方，倒挂，风干，用于隔年播种，11月以前脱壳。

我的农场中，已经持续很多年在同一个地方，交替种植黑麦和芋头。没有发生连作障碍，每年生长都很健康。芋头采收后，刚好是黑麦的播种适期。另外，5月前，收割黑麦做麦秆席时，刚好是芋头的种植时期。因此我很推荐这个搭配组合。

水稻

播一粒种子，可以收获很多米

东京农业大学收获祭资料中，夹着1根稻穗。1根稻穗有70粒水稻种子。4月下旬，在育苗盆中撒入上述水稻种子，然后就接连不断发芽了。等苗长到15厘米高时，我抱着好玩的心态，模仿水田种植。

5月8日，为了混合土壤和肥料，我在塑料箱随意地放入耕地的土，放入水、做出临时田块，并开始定植。之后，只是偶尔加点水，水稻就惊奇地分蘖且迅速成长。

8月2日开始抽穗，1周之后出现完整稻穗。期间日本金龟、蝽类等害虫和蜘蛛都会来啃食。

8月22日，稻穗开始下垂。9月24日，稻穗呈现成熟的金黄色，用镰刀收割。将稻穗放在不会淋到雨的屋内，使之干燥。

10月2日，由于已经充分干燥，所以进行了脱壳。

脱壳一般采用碾磨的方式。在网络上搜寻资料显示，可以将米壳放入研钵，用橡胶球研磨，就可以使米壳脱落。我试了试，但橡胶球太软，无法顺利碾磨使其脱壳。后来改用研磨棒研磨，米壳就顺利脱落了，边吹脱落的米壳，边一点一点研磨，挑选出不好的米粒，全部工作结束后，得到了糙米。下一步的工作是制造精米。由于真的只是一小撮米，没必要特地用精米机处理。因此，利用从母亲那里听到的老方法，用瓶子来做精米。

在大牛奶瓶上，插上漏斗、装入糙米，利用蓝莓园修剪下来的粗树枝，多次搅拌，看到糠粉出现即可，不过离真正的精米还差得远。

1根稻穗获得的糙米刚好180克。将其煮熟后，在饭里放入梅干、撒点盐，做了2个饭团，Q弹好吃。

我虽然不知道水稻的品种名称，不过是自己第一次栽种的不使用化学农药的有机水稻，所以心中感慨万千。

70粒水稻种子

可以做成2个饭团

盆栽凤梨

冬天放在窗边，就可以健康生长

由于日本较冷，所以凤梨不会每年结果实，大概2～3年才结一次果。收获时期不固定，有的夏季采收，有的寒冬采收。气温10℃以下的冬天，放置于房间窗边过冬，就会开花结果。

凤梨不是种子栽培，也不是种苗栽培，而是将市售凤梨上的皇冠状叶，从根部切下扦插。要挑选完整的叶片，切的时候，留有一点果实较好。

在直径12厘米的花盆中，放入排水良好的育苗土，放上皇冠状叶，只要浇水即可。之后会长出根，叶子会开始生长。从下方可以看到根露出来了之后，就可以移植到更大的花盆中。育苗土中，轻轻撒入发酵肥。由于凤梨喜酸性土壤，所以不需加入草木灰。天气热的时候，叶子会快速生长。叶子前端尖锐，被刺到会痛，所以我会用剪刀剪掉前端。

由于是凤梨属植物，所以要浇水或施液态肥至叶子基部有点积水的样子。凤梨也耐旱，尤其冬天如果没有浇水，也不用担心。

2010年，我是在2月14日注意到有花芽出现。两个月后，开出紫色的花。之后，连接绿色果实的茎长到数十厘米，9月后，果实成熟，变成黄色，飘散出甜甜的香气。9月12日收获。果实相当甘甜、多汁。

之后又把黄冠状叶子扦插，并于2012年8月29日开花。凤梨结果、成熟的时间，相当紧迫。将盆栽放置于室内窗边，会散发出迷人的香气。恰逢寒假，我的孙子、孙女刚好来访。12月30日收获，果实超过1千克，相当大。比起夏天的果实，甜度低，但大家还是吃得很开心。于是我又马上将皇冠状的叶子进行了扦插。

　　直径超过120厘米的莲座，含有从土中吸取上来的养分。由于扔掉很浪费，所以就让孙子用剪刀切碎，与盆土一起装入塑料袋中保存。

　　将发根的种苗，定植于堆肥的土壤，这个冬天也放在窗边栽种。凤梨也可以不换土连作。下次凤梨成熟是什么时候呢？我好期待。

第 **3** 章

■技术应用

狭小农场周年栽培

病虫害防治、保护天敌、断根扦插育苗、混植的搭配组合、绳子支架的制作、沟底播种、反向栽培、浪板栽培等

扦插法种草莓

切掉走茎前端，栽种子株

草莓的果实表面附着一粒一粒的种子。蜜蜂充分授粉的话，就可以产生种子，结成形状漂亮的果实，虽然也能从种子开始栽培，但却不易保持原品种的优良特征，无性繁殖即可避免这一问题产生。

匍匐茎繁殖容易感染病毒。如果染上多种病毒，草莓植株会明显衰弱，产量显著降低。因此，较实用的的方法是采取无病毒的茎尖培养无毒种苗（即组织培养育苗技术）。

但是，无病毒种苗非常贵。冬眠的草莓在春天开花后，腋芽会变身成匍匐茎，会生育出很多子株。从母株长出的数根匍匐茎，会生育出很多子株，通常会将第2节以后的匍匐茎做种茎。

将匍匐茎的先端插枝，叶子长出后，根也会长出来。普遍来说，长出根后才可以采苗。而我是将尚未长出根前的匍匐茎，摘取先端3厘米后扦插。在育苗箱放入赤玉土，将切除的匍匐茎插入土中至发根部位。充分浇水，1个月就可以发根。

一般从叶子下方扭曲的部分开始长根，少数也会从匍匐茎切口长根。可以移植到直径9厘米或12厘米的育苗盆中，也可以直接定植在菜园里，秋天前就可以培育完成。这种方式能加快草莓结果，提早改种下一轮的蔬菜。

培养

分生苗

如果种植在菜园，株间距约15厘米，种植不要太深也不要太浅，撒上有机发酵肥，可以在株间进行中耕，避免长出杂草，从短缩茎上摘除老叶可以促进新叶的伸展。在秋天前让短缩茎变得粗壮，根充分伸展后，植株就能长出很多饱满的果实。9月下旬至10月上旬适合定植的时期。

如果是露地栽培，株间约25厘米，不需覆盖地膜植株就能过冬。11月左右进入休眠，草莓的叶子会摊开在地面上。2月休眠结束后摘除老叶，撒上有机发酵肥，盖上塑料地膜。之后就会急速地生长、开花。采收后如果株苗仍然健康，就能利用匍匐茎再次分株繁殖。

如果采用促成栽培法，因为抑制了休眠，生长点就会集中在花芽，而不是匍匐茎。如果植株作为母株繁殖使用，冬季就需要休眠，这样才能让匍匐茎长出来。

剥除老叶！

利用匍匐茎的先端扦插育苗比较简单，还可以种植出健康的种苗。

马铃薯反向栽培法

不需覆土与除芽，收获量就很多

　　园艺卖场等售卖的马铃薯种薯，大多是春季品种。一般都是男爵、北灯和五月皇后等。去年，我采用了反向栽培。铺上银黑地膜后，完全不需要覆土，而且还不会长杂草，是相当省事的栽培法，很适合春季栽培，收获量增多。但夏季不适合反向栽培。

　　春天时，较大的种薯，要切块再种植。种植数日前切好，使切口充分干燥。做宽60厘米、高10厘米的垄，以三角锄头在中央挖出种植沟。种植时，虽然一般将切口朝下，不过我一般将切口朝上栽种。种薯的间隔30厘米，混合一把发酵肥和草木灰，将之撒入种薯间，铺上不透光的黑布。

　　这么一来，倒栽的种薯就会发出很强壮的芽。普通栽培在出芽时需要除芽，1个种薯的芽数限制在2～3根，但是反向栽培的话，由于不会长很多芽，所以不需要进行除芽作业。

　　出芽后，碰到银黑地膜时，就剪破地膜将芽苗拔出。这道程序要尽早进行，之后放任其生长即可。在普通栽培中，必须覆土2～3次，且要给马铃薯提供足够的生长空间。不过如果铺上银黑地膜，就不用进行除芽这项工作，是相当省力的栽培方法。

银黑地膜栽培！

银黑地膜

　　我也在东京农业大学绿色学院尝试了这种种法。去年2月中旬播种，6月中旬收获，比起普通栽培，收获量明显增加，卷起银黑地膜，不用特地挖，大块的马铃薯就排排站，真是令人惊讶不已。省事省力收获量又多，我完全爱上了这种方法。

　　秋季马铃薯品种"出鸟"也用了这个方法，但去年的夏天太热，9月上旬种植，铺上银黑地膜后，经过2周种薯就腐烂了一半。还没腐烂的另一半，刚好是榉树树荫下的那一部分。

普通栽培

反向栽培

　　和之前的栽培方法不同，我在农场种植时，先不铺银黑地膜，待出芽后再铺，这样种薯一个都没腐烂，晚秋还收获了很多马铃薯。

　　写新闻连载专栏时，从读者那里收到了几封信。有关东读者说种薯烂了，令我有点过意不去；也有岛根县读者说没有问题，收获了很多美味的马铃薯，这也令我欣喜。从这次栽培经验中，我学到了天气炎热时，要等出芽后再铺银黑地膜这件事。

叶菜包括小松菜、水菜、叶用萝卜、上海青、芥菜、茼蒿、菠菜、莴苣等。种植叶菜使用带孔的银黑地膜较方便。带孔地膜孔距15厘米，共4行，可以只种植单一品种的蔬菜，但不妨尝试混植多种蔬菜吧。

例如，将小松菜、菠菜和叶用萝卜依次播种；采收顺序依次是叶用萝卜、小松菜、菠菜。将有限的狭小空间，做最有效地利用，就是混植。

我经常搭配的组合是：大白菜和上海青、卷心菜和莴苣等。大白菜长大前的空档期，可以采收上海青，之后大白菜就会长得很旺盛。卷心菜长大前，可以采收莴苣，之后卷心菜的叶子便会慢慢扩张。

如果栽种2行叶用萝卜和芜菁，间苗腾出来的空间，就能种植小松菜和菠菜。

以上是行间的混植，再来是进阶版的，例如，可以在卷心菜、西兰花和大白菜长大前，于植株间混植其他蔬菜。诀窍就是充分利用一种蔬菜长大前空出来的空间。

自然界有各种各样的植物共生。家庭菜园可以效仿自然界的植物多样性，同一块耕地种植多种作物。胡萝卜和白萝卜等根茎类蔬菜，要拔取采收，而叶菜用剪刀从植株近地处剪下比较好。蔬菜根部周围是微生物的栖息地，拔起的话会破坏其环境，所以用剪的即可。残余的根，会因微生物而腐化，最后返回到土壤中。

3月租赁农场开园，5月初种植果菜前，可以混植叶菜。就算叶菜尚未采收完毕，也可以在其间混植果菜，有各种各样的搭配组合，不要在意习性是否相近，请尽量尝试混植和连续栽培吧，一定会有令人意外的收获。

前述大白菜、卷心菜的种植，如果是在初夏结束，那么之后就可以连续种植其他蔬菜。叶菜、大豆和芝麻，不用特别施肥就会健康生长。

蔬菜的采收结束后，春季不用重新整地，夏季直接连续种植秋冬蔬菜即可。可以全年使用春天做的垄，也就是说，实现一年免耕连续栽培。

想象各种蔬菜生长空间，搭配组合

叶菜建议采用混植

方便结实的绳子支架

结实耐用，可以长期重复使用

需要竖立支架的蔬菜有很多，所以接下来要介绍适用于所有蔬菜，既稳固又能长期使用的绳子支架。

PP打包带很容易买到，直接使用的话，风力大时会纵向裂开。但是，如果将两股拧起来，就可以变结实且不受风力影响的绳子。

园艺专用的黄瓜网等售价也很便宜，但是不太好用。由于藤蔓缠绕攀缘，清理起来相当麻烦，通常用过之后就得整个丢掉，非常不环保。但是，由于绳子支架基本上是一条一条使用，使用后只要拉一拉，就能全部回收，不会制造垃圾。最大的优点就是，一条一条卷起来的话，使用期间可长达数年，而且铺设也很简单。

以前，我会在电动螺丝刀上安装钢夹，用钢夹夹着PP打包带，启动开关，使之旋转。PP打包带的长度应比实际所需长度长2～3成，固定一端后再开开关。

绳子要在竖立支架后，再一根一根绑上。如果是做黄瓜支架，要用拱形支柱，将下方横放的管子，固定于耕地正上方；上方横放的管子，固定于拱形支柱的弯曲部分。再依所需的间距，将绳子横向一根根铺上。

黄瓜等藤蔓都缠绕着绳子支架，如果发现主枝下垂，就要将其绕在支架上。黄瓜不需摘芯，但需要进行整蔓，使果实的位置维持在一定高度。茄子和青椒等，也可利用绳子攀爬，青椒的茎可以长到约2米。

菜豆、山药、苦瓜等也很适合绳子支架，会慢慢攀爬上去。

真轻松！

PP打包带容易被风吹裂而快速风化，不过只要用两股扭转过后，就可以变身成结实的绳子。

捕捉害虫

把虫子关进宝特瓶里

种菜可说是一场与害虫的战争。春季和秋季的叶菜，铺上防虫网就不会有问题，如果没有防虫网，那么害虫就会蜂拥而至。

7月后，在土里过冬的金龟子幼虫会变为成虫，聚集在大豆等作物上，把叶子啃得全是洞。金龟子只要察觉到危险，就会装死，从植株上掉落脱逃。如果位置较高，还会在坠落途中张开翅膀飞走；如果是低一点的位置，就会掉落地面，有些还可以潜入土中。

利用害虫假死的习性，给宝特瓶装上漏斗，捕捉金龟子，捉到以后，关紧宝特瓶的盖子，它们就会在里面窒息死亡，这种害虫驱除法仅适用于家庭菜园。

耕地时，常会有鸟飞来，这些鸟会等待虫从土里钻出来并吃掉。

金龟子、夜盗蛾、蜗牛等各类害虫，为了便于捕获它们，要在农场各个角落放置宝特瓶。

危害最重的啃食性害虫为夜盗蛾，白天看不见它们的踪影，晚上却把叶子啃得乱七八糟，大龄幼虫的食欲相当大。一旦发现这些状况，就要到地面上植株投影部分找找看，一般都能发现它们的幼虫。

还有另一种隐藏在土中的害虫——地老虎，其幼虫会啃食种苗，使植株枯死，造成缺垄断苗。防治地老虎，也是翻一翻根部的土壤，发现其幼虫后应立即将其捕捉。

苗期用防虫网保护的黄瓜和南瓜，一旦拆下防虫网，黄守瓜就来了。如果大量涌至，叶子会遭受啃食，造成严重损害。黄守瓜行动较缓慢，将瓶口靠近、引诱，黄守瓜就会跳进瓶中，我曾经有一次捕捉到数十只。

5月左右，豌豆的叶子上会有蚜虫，用手将其和叶子放入装水的容器，然后连水和虫子一起倒入宝特瓶中，轻而易举就将虫子抓住了。

夏天时，蝽类害虫会附着于青椒和茄子上，放置不管的话，就会在叶子上产卵，造成种群数量增加，发现时，就将卵丢入装有漏斗的宝特瓶中吧。

较麻烦的是蛞蝓。很容易爬进大白菜和卷心菜里，可能是它们待在里面很舒服吧。它们爬进去之后是不会再爬出来的，如果爬进去再防治就为时已晚，所以要在蛞蝓爬进去之前就发现它们是很重要的。

幼苗中的叶子也会被啃食，还有好不容易成熟的草莓等果实，如果被吃了真是很失望。所以发现害虫时，最好立即将其捕捉丢进宝特瓶中。

抓到害虫后，要捏死他们也很恶心，丢入宝特瓶中比较省事。

采集螳螂卵鞘

请好好保护最活跃的天敌昆虫

不使用化学农药栽培蔬菜时，田里会有许多生物存在，当然也包括害虫和天敌。天敌会吃掉害虫，所以是驱除害虫的小帮手，其中最活跃的就是螳螂。

4月底到5月，体长约1厘米的螳螂幼虫，会遍布于田里，吃掉蚜虫等。螳螂渐渐长大之后也会吃掉体积大一点的害虫，盛夏时螳螂可长到数厘米。

秋天螳螂还会捕食大蝗虫等。虽然不清楚一只螳螂到底一生能吃掉多少害虫，不过肯定数量相当多。

螳螂猎食时，会瞄准猎物，捕获前举起前臂，一边摇晃全身，一边等待时机。

螳螂的两只眼睛，具备了高精度的立体视觉。如果从侧面将手伸到螳螂面前，螳螂还会回瞄一眼，四目相交令人一颤。

捕捉猎物时，螳螂会快速伸出前臂，紧紧夹住猎物，并从头部开始吃。吃完后，还会做出用嘴巴清洁前臂的动作。

进入深秋后，农场到处都是螳螂在交配，体型较瘦小的是公螳螂，会被母螳螂吃掉。这是真的！我见过好几次。公螳螂不仅可以给母螳螂提供食物，还能为繁殖后代提供养分，真是了不起。

怀孕的母螳螂会在作物和杂草的茎或枝条上产卵。母螳螂会翘起尾巴，在枝条等处将卵鞘固定。

除草或进行蓝莓的修剪时，如果发现螳螂卵鞘，可以采集整根树枝，将其放置于一个地方。如果直接放在外面使其过冬，等4月下旬天气变暖，就会慢慢孵出小螳螂。

将挂着螳螂卵鞘的枝条，在可能有害虫出没的蔬菜上抖一抖，就能让小螳螂驱退害虫。虽然螳螂也会遭到鸟类、蜥蜴或青蛙等天敌袭击，不过这是自然法则，没有办法。

卵棒

土里的白色虫子

用蠕动方式判断是否是益虫

整地时，会出现各种体型的甲虫幼虫。伯劳鸟、黑背眼纹白以及冬天的候鸟黄尾鸲，都会瞄准这些虫，立刻飞来捕食。

如果是尚未风化的新木头屑，会生出很多锹甲的幼虫。锹甲的幼虫很大，要特殊处理，不要将其视为害虫，而要放生，因为他们是会吃掉腐殖质并翻土的益虫。

除此之外，也会出现中小型的白色虫子。过去，我把这些虫全都当作害虫，装入宝特瓶。最近，东京农业大学绿色学院的学生中，有一位爱好昆虫的女同学，她说白色虫子中也有益虫和害虫之分。

中型的白色虫子较多是青铜金龟和花金龟的幼虫，这些虫在土壤中，跟锹甲幼虫一样会吃掉腐殖质使之分解，此外还可以翻土，这有利于植物吸收营养，所以是益虫。

而有一些小型的白色虫子是有害的金龟子，它们会啃食作物根部。金龟子幼虫即使变成成虫，也会啃食豆类等叶子，一旦发现，正确的做法就是装入宝特瓶中。

日本金龟

虽然可以用体型区别益虫和害虫，不过比较准确的判断方法是幼虫的蠕动方式。将从土里的白色幼虫，放在手掌或地面观察，有害金龟子的幼虫，腹部朝下，移动速度相当快。而益虫——青铜金龟和花金龟的幼虫就会呈仰躺状，腹部朝上，扭啊扭地移动。

因夏天淋雨而裂果的番茄上，会聚集青铜金龟成虫。不过，由于是会分解腐殖质的益虫，所以就不用太在意了。当看到他们也不用放入宝特瓶，而应放生。

怎么分辨是益虫还是害虫？

是那样吗？

白色的益虫会帮我们分解土壤中的腐殖质。

没关系。

但是长得很像，分不出来啊。

　　如果出现大量有害金龟子，大豆和菜豆的叶子就会被吃得到处都是洞，给作物造成危害。成虫约7月会出现在田里，仔细观察，趁他们啃食叶子前抓捕捉。

　　利用金龟子的假死性，事先在虫的下方放置漏斗，就可以轻松捕捉。捕捉后盖上瓶盖，虫子就会死亡。

利用天敌

充分利用远在天边近在眼前的天敌

持续进行无化学农药栽培的话，会出现各种生物。例如，栽种蚕豆，几乎一定会招来蚜虫。东京农业大学绿色学院的菜园中，经常发现瓢虫，却没见过螳螂。我的农场则常常能看见螳螂，于是我就将冬天收集的螳螂卵鞘带到农大，绑在棒子前端，插在蚕豆旁边。4月下旬，小螳螂慢慢孵化，栖息在各个角落，我不太确定螳螂到底吃了多少蚕豆上的蚜虫，但一定不少。

还有很多我们不认识的天敌，学生屡屡询问"这是什么呢？"遇到一些不认识的天敌，就当成作业进行调查。

5月初，蚕豆的叶子出现透明、嘴巴尖尖的虫子。那时候，不晓得到底是害虫还是天敌，只能说是"某种生物的幼虫吧"。我不会这样就放过问题，而是一定会拍照进行鉴定。

这些图片也几乎都能在网络上查到，非常方便。那种透明的生物，是食蚜蝇的幼虫，是很厉害的天敌昆虫，能比瓢虫吃掉更多的蚜虫。

经常在萝卜或卷心菜上出现的菜青虫，有时看起来像环抱着一堆卵，就像在产卵。

我在想是不是菜青虫被寄生蜂寄生了。经查证后，果然就是被小茧蜂寄生了，小茧蜂体长约为3毫米，会在菜青虫幼虫体内产卵。卵会在菜青虫体内孵化，与菜青虫一起成长。长大后，会穿破菜青虫皮肤跑出来，变成茧。

　　仔细看看那时候拍的照片，可以看到菜青虫腹部侧面有黑色小点，这就是小茧蜂幼虫穿出的痕迹，卵状的东西就是小小的茧。

　　被寄生的菜青虫会死亡，有小茧蜂的茧就表示菜青虫已死亡。

　　我跟学生们说"这是益虫，所以发现的话就随他去吧"。

养殖蜜蜂

积极给果菜授粉，有利于结果

蜜蜂会频繁且积极地给果菜授粉。草莓果农在温室内放入蜜蜂给草莓授粉，就是因为如果草莓授粉不完全，果实就会变畸形。授粉这项工作，还是交给蜜蜂吧。

常见的蜜蜂有两种，一种是市售的意大利蜜蜂，另一种是野生的日本蜜蜂。为了将日本蜜蜂赶进蜂箱，我学习其他人制作了蜂箱，涂上蜜蜡，并放置多花兰，并让其开花，它是一种能吸引蜜蜂的兰花，不过目前为止都没有蜜蜂群飞入。

青椒的花

麻烦你了

10年前我还购买了意大利蜜蜂给蓝莓授粉。当年夏天到秋天，意大利蜜蜂遭受到胡蜂的攻击及巢虫的入侵，意大利蜜蜂全部阵亡。之后，还有一次因严寒而无法过冬，意大利蜜蜂又全部阵亡，这令我相当灰心。

意大利蜜蜂的分蜂群来过空的旧蜂箱2次。分蜂即分巢的意思，可以以人工方式进行。最近，几只侦查蜂进出后，上空传来嗡嗡声，约1小时后就有群蜂飞入巢箱了。这样的事在我眼前发生，真是非常激动。

雌雄异花作物用蜜蜂授粉效果很好。瓜类作物如果不是在早晨授粉就不会授精。黄瓜有雄花及雌花，但是不授粉也会单性结实。茄科的番茄、茄子和青椒等的花，雄蕊和雌蕊合生一起，所以会利用蜜蜂翅膀的振动进行自花授粉。

蜜蜂不仅采集花蜜，还会采集花粉。将花朵的花粉，收集至后足的花粉囊，再回到蜂箱。并非全部的工蜂都会携带花粉回巢，而是采取分工合作。巢中也有花粉专用的储藏室。

养殖蜜蜂最快乐的就是可以采到融合各种花蜜的百花蜜，相当美味。我的孙子们非常喜爱。蜜蜂会帮忙授粉且可获得花蜜，真是一举两得。

从春天到初夏，会诞生新的蜂王分巢，今年由一群变成5群，这也是一件令人高兴的事。

有蜜蜂存在的家庭菜园，是很疗愈的。大家不妨也试着养殖蜜蜂。另外，2013年起在日本全年进行蜜蜂养殖，需要向家畜保健卫生所报备。

意大利蜜蜂

日本蜜蜂

花蜜较少的时期，可以补给糖水。糖水的制作方法是在600毫升的水中，加入1千克白砂糖后煮沸即可。

断根扦插育苗

土壤有益菌促进生育，增强抗病力

"断根扦插育苗"除了在木岛利男所著《连作推荐》和杂志《蔬菜宅急便》讲述过以外，《现代农业》也有介绍相关内容。这种育苗方法就是播种后待子叶打开、真叶长出1～3片时，从植株根颈处齐地切断，将断根幼苗作为插条进行扦插。双子叶植物可以采用这种方法。

为什么要这么做呢？其实有许多好处。虽然切除根部，植株的生长会暂时变缓慢。但是，之后的长势具有明显的优势。土壤中的有益菌会从切口进入，与植物共生，促进其生长发育或增强其抗病能力。

卷心菜、西兰花、花椰菜和大白菜等十字花科蔬菜，扦插适期为2叶期，适温为18～23℃。番茄、茄子和青椒等茄科蔬菜，扦插适期为1.5叶期，适温为23～28℃。黄瓜、甜瓜、南瓜和西瓜等瓜类蔬菜，扦插适期为0.5叶期，适温为23～28℃。

播种床土可以无肥料，但移植床土应撒入适当发酵肥和草木灰等。

断根扦插育苗法相当简单。在装有播种床土的直径为12厘米育苗盆中，撒入20～30粒种子，待长出1～3片真叶后，用剪刀从近地面植株根颈部剪断。

再来，将剪下来的幼苗浸泡在稀释500倍的天惠绿汁中约1小时，再插入装有移植床土的直径为7.5厘米的育苗盆中。

茄科、十字花科、菊科等蔬菜几乎不会枯萎，4～5天就会发根。但是，葫芦科就会暂时枯萎，当我将要放弃时，数日后突然发根而且又开始健康地成长。

必须以塑料袋覆盖幼苗保持湿度，且枯萎时建议不要放在阴暗处比较好。

植物共生菌

今年种苗也长得很好！

那全都是用"断根扦插育苗"培育出来的。

什么？断根！

是我最近采用的新育苗法。

有益菌是关键。

使种苗提升了对病害的抵抗力。

用干净的剪刀，剪断长出1～3片真叶的苗

天惠绿汁的稀释液

插入移栽床土中，使其生根

浸泡于水中1小时

移植床土

加入自己耕地制作的堆肥

发酵肥和草木灰

葫芦科蔬菜容易枯萎

操作正确的话，存活率可达100%。

植株抗病力得到巨大提升。

枯萎病

青枯病

蔓割病

虽然操作简单，但效果很好呢。

番茄　　青椒　　葫芦科蔬菜

阳光

生根中

保湿用塑料膜

扦插后，为了使苗强壮，要慢慢降低温度，种植前使其适应户外温度。苗长大后要稍微将其分开，让苗不会相互碰到，以利于长成壮苗。

叶菜可以直接种植，但果菜种植前的育苗期较长，如果在7.5厘米的育苗盆中育苗，根会渐渐缠绕，所以最好选直径10～12厘米的育苗盆。

我长期实施无化学农药栽培，能遇到可以植物提升抵抗力的断根扦插育苗，是一种幸运。

番茄伏地栽培

斜向牵引，秋季收获

番茄的种类甚多，令人烦恼该选择哪个品种。我最近栽种的有樱桃番茄"可爱樱花（Lovely Sakura）"，它滋味好且不容易裂果，还有大果的"Missra64"，以及可以自家采种的固定种"Aroi"。我通常在2月播种、育苗，待真叶长出1～3片时断根。这样一来，根量会增加，且能让增强植株抗病力，使植株苗壮生长。

将种子放在25℃的温床，使其发芽、扦插后慢慢移到温度较低的地方，使之成长为健康的种苗，待第一花序开花后，移植到耕地里。

最好是使用避雨棚，不过也可架上防雨罩。放入堆肥、发酵肥、草木灰或有机石灰，并做宽70厘米、高10厘米的垄，铺上银黑地膜。

将第一花序下方的叶子摘除，将种苗斜摆，将茎埋入土中，这样一来被埋入土中的茎就会发出侧根，树势就会增强。

利用绳子支架来牵引走向。如果是通常的直立式栽培，会在第7节左右部分摘芯，倘若不摘芯，番茄会不断延伸生长。

樱桃番茄

大粒番茄

专门生产番茄的农户在冬天也会给大棚里的番茄加温，这样可以持续采收近一年。家庭菜园即便不加温，利用断根扦插育苗，也可以采收至霜降前。

我实际栽种的结果是，春天播种的樱桃番茄，12月前可采收到20穗；大粒番茄可以采收到17穗，收成相当良好。

秋天果实转红需要较长时间。如果铺上2层塑料布，可以抵抗轻度降霜。如果是气温很低，果实就会掉落。

如果是利用绳子支架，顶芽不摘除，使之延伸，侧芽则全部摘除。当

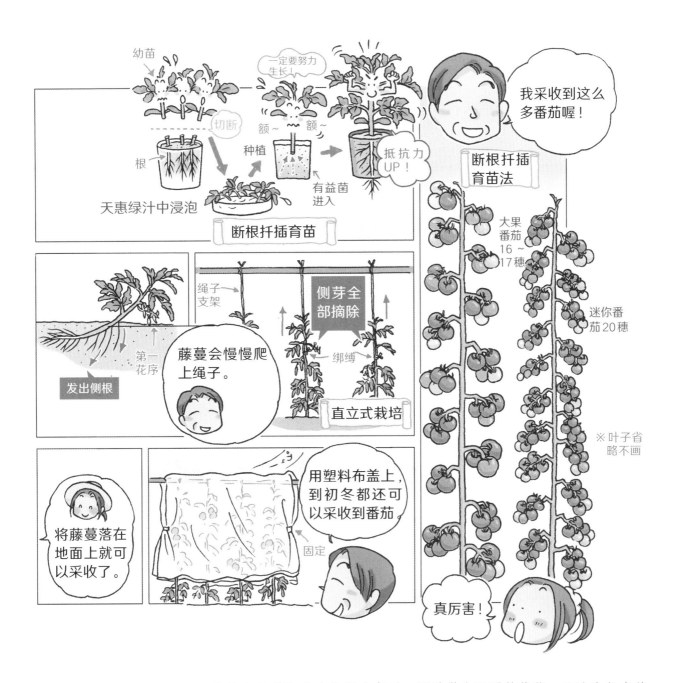

生长点长到比眼睛位置略高时，再稍微向下调整藤蔓，只让生长点往上，下段的茎则如蛇盘起并下放到地面。

大果番茄茎很容易断，樱桃番茄茎部较柔软且有韧性。

即使茎断了，如果皮还连着就不用担心，利用塑料胶带，像包扎一样包起来，植株就不会枯萎。倘若不是利用绳子支架而是园艺支柱，则斜着横放，牵引走向。

在走道上撒几次发酵肥或厨余液态肥，就可维持树势，保证长期采收。

小西瓜立体栽培

架设防雨设施，利用绳子支架栽种

西瓜有重量超过10千克的大西瓜，也有1～2千克的小西瓜。西瓜以红色果肉为主，不过也有黄色果肉。我经常栽种的品种是Gold Madderball，果实呈橄榄球形，相当精实。此外还种了果肉为红色且抗病力强的"FR Madderball"。

3月播种，用25℃的温床使其发芽，以盆栽育苗，种苗长出4～5片真叶后，慢慢移到温度较低的地方，用心照顾种苗。

一般而言，露天多采用爬地栽培，如果采用立体栽培，使用避雨棚较好。放入全热堆肥、发酵肥和草木灰，做垄，在中央间隔30厘米种植。

我利用麦秆席代替银黑地膜。种植后，架好绳子支架牵引藤蔓。由于使用了绳子支架，所以就算藤蔓长得过盛，也较容易进行整蔓。

由于西瓜为雌雄同株的异花植物，自然界中主要靠昆虫授粉，如果设施栽培则不会有授粉昆虫进入棚内，所以必须进行人工授粉。

Gold Madderball

雌花的子房，像个迷你西瓜，因此可以清楚分辨是雌花还是雄花。摘下雄花，在雌花的柱头前端，抹上花粉。也可以不摘掉雄花，利用毛笔蘸上雄花花粉涂抹在雌花柱头上进行授粉。此外，需要注意的是西瓜的授粉应在早上进行，中午授粉的话结实率较低。

我将蓝莓园中饲养的蜜蜂蜂箱放到避雨棚，并将在巢箱的内侧开了个后门（直径约10厘米的出口），这么一来，蜜蜂就可以从前门飞出室外为果树授粉，也可以从这个后门进入避雨棚给西瓜授粉。

西瓜果实变大后，用绳子将果梗打结、吊挂。不过，仍然有个问题：第一次栽种时，西瓜成熟后果实也随瓜蒂掉落。为了防止这种情形发生，必须用网兜等包起来并吊挂。

小西瓜授粉后约35天就会进入收获期，接着第2轮果实会长的圆滚滚，夏天就可以品尝到水分饱满的西瓜。

经典的立体混植栽培法
贝贝南瓜和甘薯混植

接下来将介绍在东京农业大学绿色学院，获得圆满成功的贝贝南瓜和甘薯混植，希望大家尝试以较小面积栽种各种作物。我将园艺支柱固定在篱笆上，支架高2.5米。4月上旬在育苗盆中播种、育苗，5月10日定植。

由于是沿着篱笆生长，做单垄即可，不需铺银黑地膜。在耕地上放入全熟堆肥和发酵肥，以株距1米船形定植15株贝贝南瓜种苗，株距30厘米定植30株甘薯种苗，再以5厘米间隔种植大葱种苗作为共生作物，同上设置了防虫网。

进入6月后，贝贝南瓜的藤蔓会开始攀爬，此时撤掉防虫网，同时将藤蔓牵引至篱笆后，授粉任务就交给授粉昆虫，果实会长得圆滚滚的。

为了预防白粉病，我给植株喷洒了稀释500倍的天惠绿汁，不过7月后仍有白粉病出现，但地里又出现了黄瓢虫，他们可以吃白粉病菌斑。

在6月中旬混植的大葱，利用插管种植法栽培。

贝贝南瓜在7月中、下旬就全数采收完毕。收获期的标准是开花后30～35天，果柄呈现瓶塞状时，收获后放置1周风干，糖度增加后，滋味更好。

贝贝南瓜的收获期结束后，其下方的甘薯藤蔓会生长，延伸到通道上。整理贝贝南瓜的藤蔓后，将其放置在走道上，使其风化后归还至耕地。

接着，将甘薯藤蔓诱引至篱笆。甘薯没有卷须，必须人工牵引并固定。我将其牵引后变成了一面壮观的甘薯篱笆墙。

园艺绑带

牵引

东京农业大学绿色学院

5月

咦，这些全部都用篱笆栽培吗？

贝贝南瓜苗　甘薯苗　大葱苗

首先牵引贝贝南瓜的藤蔓向上生长。

6月　绳子支架

立刻牵引甘薯藤蔓。

7月中下旬

贝贝南瓜

黄瓢虫

9月下旬我试着挖掘看看，挖出了相当漂亮的大甘薯。10月25日全部采收完毕。将整理后的甘薯藤蔓，放置在大葱地块上使其风化，入冬后深埋入耕地中。

尝试新组合
金芝麻和甘薯的进阶混植

我在狭小田块栽培各种蔬菜时，经常思考混植的组合。

甘薯每年都在同一个地方连作。6月14日，将前一年风化的藤蔓和枯萎的杂草埋入土中，撒入发酵肥和草木灰，做约30厘米高的垄，铺上银黑地膜。

6月17日，我将5月播种的金芝麻苗，间隔30厘米定植至耕地。在金芝麻苗之间，以园艺支柱挖出斜插的种植穴，插入甘薯苗。甘薯藤蔓往一个方向生长，铺上防草布后，就不会杂草丛生。因为金芝麻是直立生长，而甘薯是爬地生长，所以几乎不会有生长空间的竞争问题。

9月就可以采收到大量的金芝麻，下旬挖出的甘薯已长得相当好，这是我每年的固定栽培组合。另外，还有利用浪板栽培的牛蒡以及山药。过去，我会在田块的斜面上铺防草布，不过觉得太浪费了，最近则会混植白萝卜或菠菜，斜面下再种1行大豆。今年，在春季蔬菜后，夏季栽种了适合浪板栽培的花生。将4月27日播种的"大胜"花生苗，在菠菜间间隔20厘米，种了2行。

金芝麻

一起栽培！

甘薯

那个时候，斜面上已经长出牛蒡的芽，也已经种了山药，花生则慢慢覆盖住斜面扩张延伸。生长中多少会有些杂草，要尽可能趁早拔除。由于土壤中的水分不会从浪板片进入，所以干旱时要及时浇水。

山药的藤蔓向上延伸，牛蒡的叶子会在其下打开，花生则会覆盖住斜面，呈现出夏日绿意。9月22日，采收了一些花生，长得很好，水煮后相当美味。同时还采收到了山药。由于牛蒡还未成熟，所以没有采收。菠菜可以采收时，牛蒡也就可以采收了。

5种蔬菜一起栽培

混植的组合有无限可能。动动脑，赶紧行动起来吧！将会有意外收获！

雨水循环利用

储存雨水，有效利用水资源

我家虽然没有庭院，不过我家车库上方的简易温室种有蓝莓，也是蔬菜的育苗温室。车库的屋檐是镀锌铁皮浪板，南北向，倾斜度约10°，北侧有排水槽。雨天时，雨水流入排水槽后，会集中流入下方1200升的水塔中。车库上的屋顶面积为50平方米，因此如果降水量达24毫米，水塔的水就会满了，浇水后剩余的水，会再次回到水塔。

以前浇水100%都是使用自来水，因此，我就想能否利用雨水，不用缴纳水费。

3年前我开始到东京农业大学绿色学院授课，每年和学生一起栽种各种作物。

我才刚想到利用雨水循环，就得到了个千载难逢的机会。当时学校拆除了一座1200升的水塔，我便诚恳地请校方把水塔转让给我，我就安在了车库旁边。

简易温室侧面，铺有孔径0.4毫米的防虫网，天花板采用了塑料棚膜，将温室横梁长出约20厘米，并在其上铺设塑料棚膜使之垂下并固定。在被覆盖的天花板两端，装上温室固定杆，旁边竖立园艺支柱，并固定，调整塑料棚膜使之形成排水槽。总之，是为了回收落到温室单侧屋檐的雨水而设置。我在排水槽状的塑料膜旁边开一个洞，并接上一根PVC管，使雨水可以流入水塔中。

我刚好在梅雨季前完成了这些工作，当开始下雨时，水塔就开始收集雨水。简易温室主要种植番茄，不过在南侧还种植了无病毒草莓种苗。

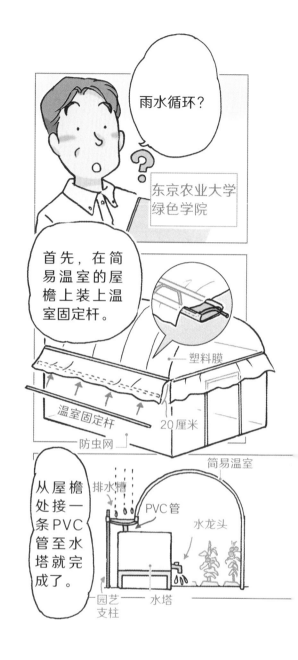

雨水循环？

东京农业大学绿色学院

首先，在简易温室的屋檐上装上温室固定杆。

塑料膜

温室固定杆　20厘米

防虫网

简易温室

从屋檐处接一条PVC管至水塔就完成了。

排水槽　PVC管　水龙头

园艺支柱　水塔

水塔

最后装上水泵，就可以用水龙头接水并随时浇水，非常方便。

覆下栽培

防寒效果极佳，不易遭受雪灾

覆下栽培？

杨梅树保护作物不被北风侵袭。

砰~

杨梅树

东京农业大学绿色学院

哇~

只有覆盖物下方的蔬菜没事。

啾~啾

暖呼呼

我过去任职的种苗公司，有种称为"染谷覆下"的芜菁品种，品种名中的"覆下"是指一种防寒措施。日本关东地区自古以来就采用这种方法栽培芜菁、白萝卜等越冬蔬菜。过去用芦苇制作单片式屋顶。当然，上述设施栽培的垄，是以东西向的垄为主。

在东京农业大学绿色学院中，寒冬时期利用小拱棚种植"美菜"萝卜。观察了一下长得较好的植株周围的环境，在其北侧有一棵大型的杨梅树遮挡，起到了"覆下"的效果。这样的结果令人为之振奋。2013年12月我在播种菠菜、水菜和小松菜的耕地上，盖上了以防草布和园艺支柱制作的遮盖布。同时铺设了无纺布，但是没有使用小拱棚，其他的地块设置了塑料小拱棚。结果显示，有遮盖的植株生长较快，大家都惊讶不已。

2014年1月，东京突然降雪。由于那场雪来的太急，根本来不及去位于世田谷的东京农业大学，几日后才知道雪灾的情况。

建设的避雨棚全部坍塌、纤维玻璃制作的棚架，也都被夷为平地。被大雪覆盖的农场，只剩醒目的防草布。我检查没有积雪的无纺布下方，发现菠菜等竟毫发无损。

对此，我相当惊讶。由于是单片屋顶，所以雪通通滑落到通道上，而没有堆积于屋顶上。这样的设施不仅防寒，也有很强的抗雪灾能力，大家都非常感动。

今后，我也会在寒冬时期继续采用覆下栽培。目前单片屋顶的角度大概是45度，内侧确实会有覆盖的阴凉处。

　　我调查发现，东京严冬的太阳正午角度是31°。不过，大寒时太阳高度会变更高，2月10日约40°，单片式屋顶的角度配合寒冬时期刚好。

　　利用简易温室的固定压条，将防草布固定于园艺支柱上，就不会被强风吹走，或者以透明塑料膜取代防草布也可以。

番茄的振动授粉

利用电动牙刷授粉

2013年春天，种植于温室的番茄，因为夏天的酷热暂时进入休眠，不过只要持续栽培，入秋后就会采收很多熟透的番茄。由于几乎没有浇水，所以果实较小，不过糖度却很高，相当美味。

品种是可以自家采种的固定种"Aroi"。我从电视上学到一种判断番茄是否好吃的方法。我将采收后的番茄放入水里，分别测试了沉下的和浮起的番茄的糖度，沉下的番茄明显较甜，两者糖度差了2%以上。甜番茄果实底部，可以看到有如星星般的放射状黄筋。

由于是利用温室栽培，所以不会有自然界授粉昆虫进入。一般而言，将稀释100倍的激素"番茄多旺（tomato tone）"，喷在已开的花上可以促进坐果。不过用这种方式不会长出种子。而且，我觉得还是有种子的番茄比较好吃。

如果是露地栽培，蜜蜂会停在番茄花上，震动身体使花粉散出完成授粉。专业种植户会将熊蜂放入温室，使之授粉。熊蜂会飞到番茄花上，振动翅膀，将花粉采集到后足。

又甜又好吃

由上可知，番茄可以利用振动授粉，据说敲一敲花茎，花粉也会出来。专业种植户会使用番茄授粉专用的简易振动授粉器。

不过，我很好奇难道没有其他方法吗，所以我就尝试采用了吉他的调音音叉，音叉会出现440Hz的音波震动，用手握着音叉下方，用硬物敲一敲，就会振动，将其靠近番茄花朵，花粉便会从花的前端飘出。这个方法很好用，我已经用了好长一段时间。音叉必须借外力敲打才能振动。

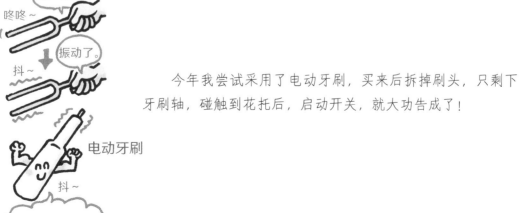

今年我尝试采用了电动牙刷，买来后拆掉刷头，只剩下牙刷轴，碰触到花托后，启动开关，就大功告成了！

沟底播种

使发芽和初期生长更顺利

沟底播种的效果很好，所以我一整年间都持续采用。而沟底播种的发明人，是东北农业试验场（现农研机构·东北农业研究中心）的小泽圣先生。据说小泽圣先生发现洒在脚印里的种子生长情况更好，由此发明了沟底播种。沟底播种可以有效利用5厘米的播种沟所产生的微气候，是一种极具创意的方法。具体而言，播种于深5厘米的∨形播种穴，冬天的时候，在其上盖无纺布等。白天沟底的地温比表面低，不过到了晚上，储存在沟里的热能，就会在无纺布下放出，这样就减小昼夜温差，温度即可保持相对稳定。

另外，沟上的表土干燥时，沟底的土还是湿润的，所以还具有一定的保湿效果。这种方法不仅可以用于冬季蔬菜的播种，也可以应用于干燥夏天的胡萝卜播种。

初次尝试沟底播种时，利用三角锄头挖出∨形沟，不过容易坍塌。因此，我将2块木板以直角黏合，做成"挖沟先生"这个工具，用身体重量向下压，就可以挖出∨形沟，而且沟还不会坍塌。之后，就可以条播了。用网孔直径2毫米的筛子，过筛土壤，再进行覆土。如果是利用开孔的银黑地膜，就不需要条播，也不需要使用"挖沟先生"。

我想出了点播用的沟底播种方法：利用小漏斗，插入银黑地膜的孔，就会出现圆锥状的播种穴，于其中撒入种子即可。我采用这种方法有一段期间了，但是发现效率不高。

因此，我想要更新播种工具。将直径3厘米的木棒，切成15厘米长，用电锯像削铅笔一样将木材前端削成圆锥体。我用卖场买来小的木槌，以

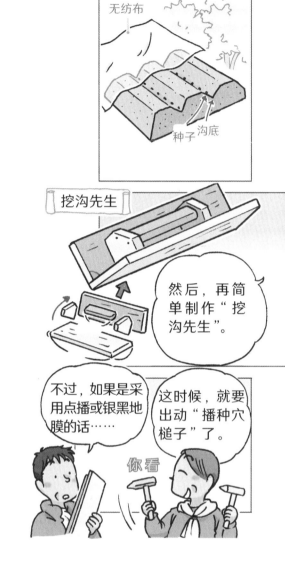

无纺布

种子　沟底

挖沟先生

然后，再简单制作"挖沟先生"。

不过，如果是采用点播或银黑地膜的话……

这时候，就要出动"播种穴槌子"了。

你看

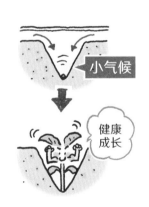

小气候

健康成长

胶水粘上圆锥体的木头零件，就做成了点播用的工具，我将它取名为"播种穴槌子"。实际使用时，觉得相当轻巧，可以很快就挖出V形的播种穴。撒入种子后，用工具的另一端覆土、镇压，相当方便。

不过，它有个缺点，就是无法配合土壤湿度，当土壤在较黏的状态下，土壤会附着在锤子上面，太干的话又无法挖好播种穴。因此，比较适合湿度刚好的土壤。

有效利用冬季农田

将萝卜埋在土里储藏，不影响耕地使用

夏天播种用的胡萝卜，12月起就会迎来收获期，可一点一点慢慢采收。直接放置于耕地上会占用耕地空间，而无法栽培其他蔬菜。所以，我会全部采收，挖沟倾斜摆放并覆土储藏，这么一来，耕地就可以继续栽培下一种蔬菜。

不只胡萝卜，白萝卜也一样。白萝卜熟成后，根会露出地面，所以严冬期就容易遭受冻害，挖沟倾斜摆放并覆土就不易受害。

胡萝卜采收后，叶子留下约3厘米长，其余叶子部分切除，放在土中倾斜摆放，覆土至叶子下方。白萝卜也是留下数厘米叶子，挖个沟，将白萝卜排列其中，像盖棉被一样，覆土至叶子下方。在这样的状态下，它们可以储藏至春天。如果是之前是采用有机肥栽培，这样储藏几乎不会腐烂，需要时再拔起，就可以享受到水分饱满的萝卜。

在耕地中央挖出一个与铲子同宽、数十厘米深及与耕地同长的沟，再将挖起的土堆到对侧。

将蔬菜残渣等全部倒入种植穴中，同时除掉蔬菜残渣上方单侧的表土倒入其中，再倒入落叶堆肥，这就是简单的耕地，仔细踏一踏种植穴上方，能减轻日后的凹陷。然后，用堆积于对侧的土做垄。不过如果后茬作物是胡萝卜或白萝卜，就必须仔细筛土、耕地。

日语有一句俗语"大根十耕"，也就是种植白萝卜要翻地10次。我在翻地时，则是多花了点时间。将土壤以直径5毫米网孔的筛子仔细过筛。再利用"挖沟先生"等工具，将垄的表面整平，轻轻镇压，整形后铺上地膜，就会非常利落漂亮。

完美 啾~

蔬菜残渣等堆肥

埋在土里保存。

12月

咦，全部挖出来吗？

杂志采访记者

胡萝卜

白萝卜

冬天，蔬菜残渣可以在耕地中堆肥。

挖出来的土，也要像这样过筛。

小帮手

筛子

管子（方便筛子滚动）

平底盆

挖出来的土

由于是寒冬期，所以播种方式要选择沟底播种，盖上无纺布，并铺上"换气网"（有开孔的用塑料膜）等。此外，采用覆下栽培也可以。

可选种春天收获的白萝卜、胡萝卜，以及10月播种的卷心菜。当然，小松菜和菠菜等叶菜也可以。

4月时也可以实施小拱棚栽培，所以开始采收时，就可以在空出来的空间，种植果菜的种苗，时间上可说是刚刚好。因为种植于小拱棚内，作物可以顺利生长，不用担心遭受晚霜危害，很简单就可以进行果菜免耕栽培，不需重新做垄。

瓜类蔬菜的催芽

利用杠杆原理，自制破种工具

以前我在种苗公司上班时，做过专门打开甜瓜种子发芽口的工具。用钳子挤破瓜类蔬菜种子的发芽侧，可以使种子至少提早1天发芽。由于是一颗一颗进行的手工作业，用力太大种子内部就会碎掉，是一种熟能生巧的技术活。我在想能不能一次快速、大量弄开种子发芽口。

在多次试验过后，我做出了"破种小子"这种工具。它的构造就是配合甜瓜种子形状，与滚轮合在一起，中间有缝隙，用发动机带动其旋转，使从亚克力板滑过来的种子通过时，左右会加压，发芽口会噼噼啪啪打开，速度和手工相比，真是天壤之别。不过，成功率始终约为80%，实用性不强。

另外，我还做了一个"破种槌"。是手工创新工具，成功率达100%。不只是甜瓜，广泛适用于南瓜、黄瓜和西瓜等所有瓜类蔬菜。

做法很简单。只需要2块约10厘米厚的板子，板子的宽度约3厘米，长度一块为10厘米、另一块为5厘米，将3厘米的那边装上小型铰链。剪一块市售的缝隙泡沫胶带，贴在板子之间，这样就完成了。

由于有泡沫胶带，所以板子的接合处是无法合起来，在这个开合处放上1颗种子，看起来像夹着一样。重点在于将突出的种子发芽口朝下，以这个状态压下板子，板子间的缝隙会紧缩，利用杠杆原理挤压种子左右侧，咔嚓一声后，发芽口就打开了，这比用钳子轻松多了。

3月是瓜类蔬菜的播种期。打开发芽口，就可以使种子顺利发芽。发芽床温度设定在25～30℃即可。

开口后较易发芽！

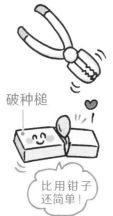

　　发芽后，如果持续以较高的温度培养，瓜类蔬菜就容易徒长。因此，发芽后应调低发芽床的温度，或将种苗移到温度约20℃的场所，这样有利于使之长成壮苗。

　　瓜类蔬菜老化的速度比茄科蔬菜快，如南瓜等的子叶容易迅速变黄，因此如果空间允许，建议采用直径较大的12厘米的育苗盆，使之慢慢适应户外温度，待真叶长出4～5片后，即可种植，同时，也不用太担心晚霜。

浪板栽培

可以采收到形状漂亮的果实

去年，我在东京农业大学绿色学院，分别种植了牛蒡和山药，虽然有收成，不过采收时却挖得很辛苦。另外，牛蒡长出了很多歧根，几乎没有一根是直挺挺的，因此，我采用了浪板栽培法。11月时，将一块6平方米的地作为浪板栽培试验田，在这块田北侧，留有黄瓜支架。

从多年的栽培经验得出，浪板太短的话，牛蒡和山药会从其前端潜入土中，因此浪板的长度约需135厘米，浪板的放置角度以15°为宜。如果是135厘米，适当的倾斜，上、下高低差为36厘米即可。以锄头整平斜面，镇压，将长270厘米的塑料浪板切成两块使用，浪板的宽度是60厘米，所以6平方米要排列11块，接合处分别将其2个凹槽重叠。为了使两边的土不会坍塌，要将浪板向下弯曲约10厘米。尽量将土壤过筛，使其不会混杂大土块，将过筛后的土壤铺在浪板上约15厘米厚，土中不混合肥料，之后再于表面撒发酵肥。

由于有浪板阻隔，所以地下水不会升上来，因此如果是没有降水时，就必须浇水。这时候，如果斜面是平的，水就会流下去，因此要在斜面挖几条横沟，让水可以渗透。

3月时，在斜面上播种菠菜和小松菜；4月再斜面上间隔3厘米，播种牛蒡；4月底至5月初左右，于斜面上间隔20厘米播种山药种薯；又于4月播种花生，盆栽育苗。斜面上的叶菜快采收时，在斜面中央间隔30厘米定植花生苗。

我混植过牛蒡和山药很多次，每次都很顺利。今年还于斜面种了花生。

超过浪板啦！

未超过浪板。

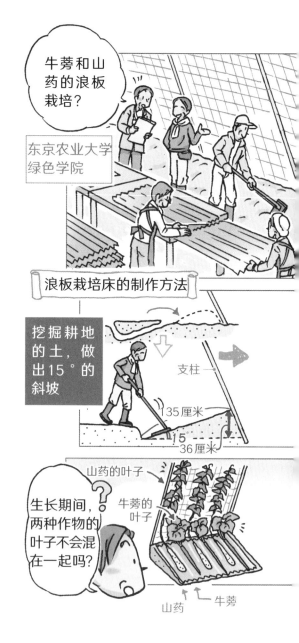

牛蒡和山药的浪板栽培？

东京农业大学绿色学院

浪板栽培床的制作方法

挖掘耕地的土，做出15°的斜坡

支柱

135厘米

15°

36厘米

生长期间，两种作物的叶子不会混在一起吗？

山药的叶子

牛蒡的叶子

山药　牛蒡

挖横沟

　　牛蒡的叶子生长茂密，而山药会爬上黄瓜支架往上生长，所以不会和牛蒡产生竞争。另外斜面上还种满了花生。

　　收获期是在9月下旬到10月，先采收花生。牛蒡、山药与其说是用挖的，不如说是稍微拔开土壤，就可以顺利采收到形状漂亮的牛蒡、山药，并可以持续采收到11月左右。之后再播种菠菜的话，整年都可以有效利用耕地。

狭小租赁农场耕作计划

混植多种作物，可以实现大丰收

练马区的租赁农场离我家很近，小归小却物尽其用。租赁农场为1年的契约，每年2月5日租约到期，不过只要续签租约，就可以继续使用同一块地。租赁农场有一个限制是，不能栽种洋葱、大蒜等需要秋天播种、过冬栽培的作物。目前我租赁的地块面积为16平方米。

刚开始时，放入发酵肥8千克及草木灰1千克，以锄头将其混入表层土中，并在垄的中央倒入厨余液态肥，做3块垄，长3米，宽1.2米。在垄上铺宽180厘米的无开孔的银黑地膜。这就是一整年进行混植连续栽培法的地块，10月前可持续播种及定植种苗。

我种菜的诀窍在于春天做垄后，采用免耕栽培。一般来讲，5月左右开始种植果菜，不过由于已经完成育土，所以3月15日开园日起，就可以进行播种及定植。

另外，如果2月中旬起，就事先对卷心菜、西兰花、花椰菜、上海青和莴苣等播种育苗，到开园即可以直接定植。直播栽培的作物，除了胡萝卜、芜菁和白萝卜等根茎类蔬菜外，还包括玉米、大豆及上海青，当然，小松菜和菠菜等叶菜也可以。

栽培时要考量各种作物的生长空间，自由搭配组合。立体防虫网是必备物资，春天常有突然刮起的强风，不仅可以用于防虫还可以用于防风。

4月开始收获蔬菜。根茎类蔬菜以外的作物，要用剪刀剪断植株根颈部，将根部留在土壤中。收获物以外的残渣，全部放置于走道上，使之风化，还原至耕地。采收的同时，可于其剩余空间种植果菜。

5月拆下防虫网，设立支架，以果菜为中心，使之蓬勃生长。卷心菜

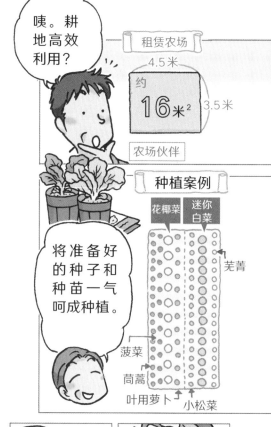

等采收结束后留下的空间，用来播种金芝麻，金芝麻在夏天会迅速生长，结出很多果实。8月底至9月，是秋季蔬菜的播种时期，而这个时候也正好能采收芝麻。秋季蔬菜，除了在9月上旬播种白萝卜和芜菁外，还要依序种植卷心菜、西兰花、花椰菜、大白菜和莴苣等。

　　青椒和茄子采收要在降霜前，不过租赁农场较狭小，为了确保秋天蔬菜有种植的空间，也必须停止栽培。租赁农场的合约终止期固定在2月，往回推算一下，播种期间大概到10月结束，预先播种小松菜、菠菜、茼蒿和水菜等进行育苗，元旦前就可以慢慢采收。

搭建简易温室

避雨防虫一举两得

挂上防虫网和防雨布，虽然可提升效果，但是我希望栽培出更稳定、更有品质的蔬菜，所以采用了简易温室。

水是植物成长不可或缺的，但过多的话，也会诱发番茄裂果等各种病害。如果使用简易温室，就可以明显降低病虫害，延长蔬菜的寿命，并防止鸟兽侵害。

防雨布如果只挂在耕地中央，下大雨时番茄还是会裂果，不过种在简易温室中的番茄就不会发生这种情形。

温室种的草莓不会遭受鸟类侵袭，也不会因淋到雨而腐烂，可采收完熟果实。番茄和青椒的枝条可以长到2米，初冬前即可采收。露地甜瓜等，虽然收获前边缘会出现些许枯萎，不过如果挂上防雨布的话，就会结出漂亮果实。温室种叶菜则不需要防虫网或银黑地膜。

由于简易温室不会淋到雨，所以可以用来干燥洋葱、蒜头、蔬菜种子、发酵肥等，可以有多种用法。

露地栽培番茄和甜瓜，几乎不需浇水。但由于雨水无法进入室内，所以温室栽培的蔬菜必须浇水。此外，温室也需阻隔飞来的害虫，还会有从土中钻出的金龟子等害虫，必须驱除。此外，授粉昆虫也无法飞进来，所以必须进行人工授粉或引入蜜蜂。

简易温室的材料可网购，园艺市场也售，买来自己组装较经济实惠。

实际上制作时，反复重做的部分是简易温室的天花板。普通塑料棚膜用2年就脏了，因此现在使利用Diamondstar农业用膜，不仅不会脏，还可以使用很多年。

铺于侧面的防虫网，刚开始是使用孔径1毫米的防虫网，不过温室白粉虱等害虫还是会钻进去，所以便改用孔径为0.4毫米的防虫网（Sunsunnet系列）。请参考商品说明，搭建简易温室，采收高品质的美味蔬菜。

简易温室过冬前的准备

改善光照，防寒、防雪灾的对策

简易温室必须做一些准备工作来迎接冬天。冬天光照较弱，而且简易温室的天花板也脏了，容易影响采光。夏季就算有些脏，天花板还可适度阻挡强光。不过冬天则希望尽量让阳光照射进来，更换覆盖材料是一种方法，但缺点是每年都要购买，因此我采用清洗天花板的方式。

我会用海绵拖把，它的握柄一般为150厘米长，要将其与园艺支柱等组装才能够到简易温室的天花板。

首先将海绵拖把吸饱水，站在梯子上，轻轻擦洗天花板，同时用水管喷水清洗一下，更能有效地清除污垢。清洁至一半时，走进简易温室看一看，你会发现效果非常明显，透过的光照明显增加。

虽然铺了孔径0.4毫米的Sunsunnet系列的防虫网，不过严寒时期的北风仍然会吹进来，所以，可以购入0.3毫米厚、宽180厘米的透明塑料布，围在温室四周。

拆下天花板，将塑料布夹进下方。上方固定，下方则自然垂下，不要固定。这是为了使简易温室可换气。较薄的塑料布保温效果也很棒，能栽种出与露地栽培截然不同的冬、春季蔬菜。另外，今年春天的大雪，造成关东地区很多简易温室倒塌。我的简易温室虽然没事，不过除此之外的仓库和葡萄简易温室等，全都被大雪破坏得乱七八糟。从这次教训中我学到了防止坍塌的好方法，即每隔3米，竖立长2.5米的支柱支撑天花板，就算积雪到一定程度，雪也会因为重量滑落侧面，不会造成倒塌。

光线很好！

塑料布　弹簧　固定塑料布

冬季只要做好防寒工作，蔬菜就可以生长良好。简易温室能栽培露地栽培不易栽培的作物，这是温室栽培的乐趣所在。

后 记
AFTERWORD

    2012 年 2 月,《日本农业新闻》杂志的谷本雄治先生到访寒舍,委托我负责每周六的"Poporu"专栏连载,当时就决定 4 月起以标题"家庭菜园管理技巧"来刊载。我的插画搭档是插画家川野郁代小姐。

    原本只打算写一年,但因颇受读者好评,又继续写了一年。第二年 11 月,我被邀请到《日本农业新闻》杂志本部,编辑永井考介先生告诉我,我的专栏在读者的人气票选中,以高票当选第 1 名。所以他拜托我继续写下去。第三年后,感觉已经没有其他可写的内容了,所以我跟他们说不会有第四年连载了。不过,由于吉泽博英先生的请托,我打消了停载的念头,就这样又进入了连载的第四年。本书就是精选了这些年专栏连载的内容。

    本书介绍了很多我栽种过的蔬菜品种。另外,我也参考了《蔬菜宅急便》中许多跳脱常规的创意点子,经由试验,积累了成功和失败的经验,并找到了自己的方法。本书所介绍的租赁农场共有 3 处,包括练马区的租赁农场、埼玉县日高市的蓝莓园一隅以及东京农业大学绿色学院的试验田。书种也收录了多个东京农业大学学生创意实践案例,因此,我也非常感谢热心的学生们。

    最后,我想再次由衷感谢给我提供连载机会的《日本农业新闻》杂志、多次采访为本书进行插画制作的川野郁代小姐、热心张罗本书出版事宜的诚文堂新光社渡边真人先生,以及协助编辑的各位老师。

2015 年 2 月

福田俊